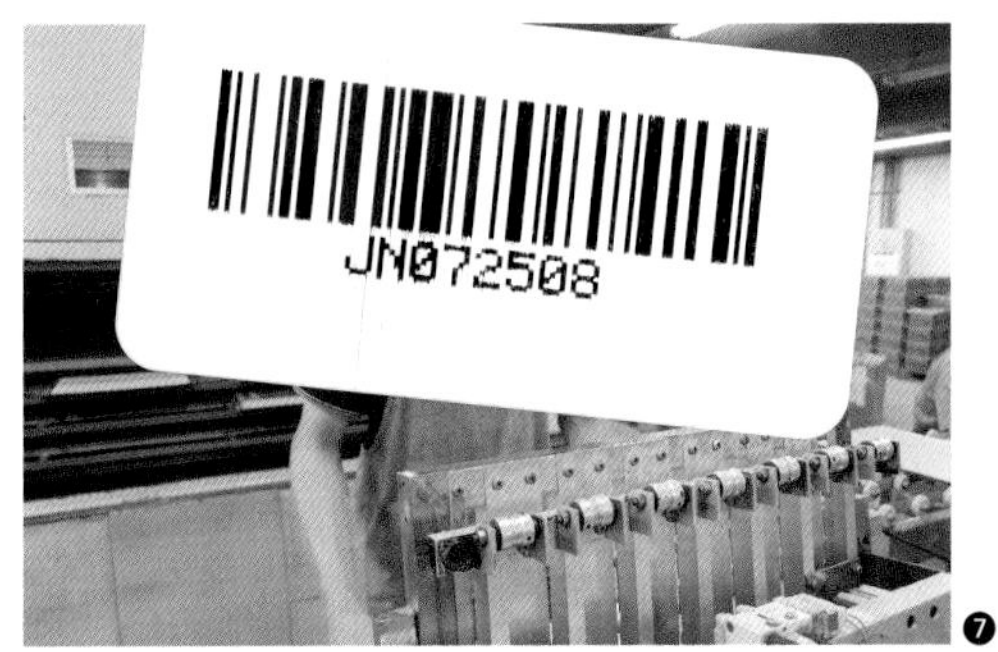

❼

❽

❾

❿

❼～❿ ダストレスチョークの製造や検品、ラベル貼りを担当する社員たち。ラベル貼りや梱包は一つ一つ丁寧に手作業で行う

⓭

⓫

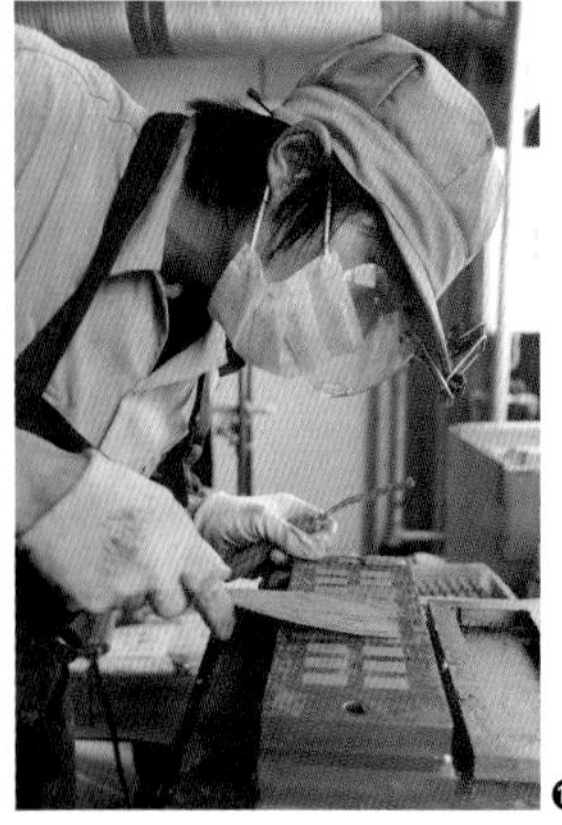

⓮

⓬

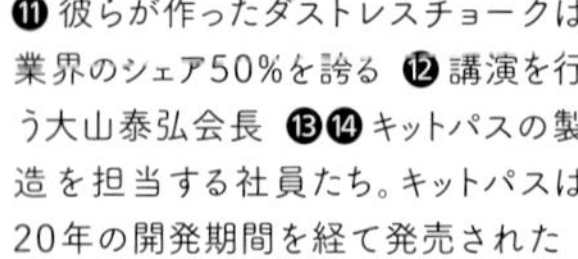

⓫ 彼らが作ったダストレスチョークは業界のシェア50%を誇る ⓬ 講演を行う大山泰弘会長 ⓭⓮ キットパスの製造を担当する社員たち。キットパスは20年の開発期間を経て発売された

虹色のチョーク
働く幸せを実現した町工場の奇跡

小 松 成 美

幻冬舎文庫

虹色のチョーク

働く幸せを実現した町工場の奇跡

序章

第1章 日本でいちばん大切にしたい会社と呼ばれて

第2章　障がい者を持つ家族の思い

第3章　働く幸せの実現に向けて
――会社が乗り越えてきた苦難

第4章 チョーク屋に生まれて ——経営者としての天命

第5章 障がい者とその家族が生きる道

終章

序章

その会社の窓は、輝いていた。虹色の線がいくつも重なり、花や昆虫や星や雲や人の顔を描き出している。大きなキャンバスとなった2階の窓の隅々にまで広がる色彩に心を奪われ、立ち止まって見上げると、その奥にいくつかの人影が見えた。

シルエットになって見えた動く人影こそ、窓に描かれた作品の描き手に違いない。私はその人影に向かって手を振った。

窓に近寄って下を覗き込む顔が並ばないか、振り返す手が見えないか、窓を見た私は待った。

けれど、人影は窓からすっと離れ、やがて見えなくなった。

多摩川を渡り川岸から吹き込む風が髪を揺らし、頬を撫でた。

洒落た街の喧噪からほど近い場所で、土と草の香りを感じながら、私はこれから出会う人々のことを思っていた。

東急田園都市線「二子新地駅」の東口改札を出て左に曲がり、その道を進むと多摩川の二子橋に程近い二子神社がある。視界に飛び込んでくるのは境内に建つ翼を広げた白鳥のような彫刻。「誇り」と名づけられたその大きなモニュメントは、女流作家であり、芸術家・岡本太郎の母である岡本かの子の文学碑だ。

碑を行き過ぎて川に向かう階段を上がり、横断歩道を渡ってまた階段を降りると、目前にはサイクリングロードが伸びている。上流に向かって歩き、厚木街道の高架をくぐると、間もなく多摩川の支川である平瀬川が見えてくる。

その川岸の道を進み、左手に見えるセメントタンクの角を曲がると、訪ねるべき会社はあった。

石垣の角に立つ菱形の赤い縁取りのある青い看板には、白抜きの文字でこう書かれていた。

《日本理化学工業株式会社　入口》

なだらかなスロープを上がり、正面に立つと、色とりどりの窓が目に飛び込んできたのである。

「この会社の本を作りたい。この会社を経営する一族と、この会社で働く人たちの姿を伝えたい」

何度もそう言って私を導いた幻冬舎の編集者、佐藤有希（ゆき）さんと丸山祥子（さちこ）さんとともに社屋の前に立ち、窓を見上げた私は、緊張と高揚が混じり合う特別な感情を胸に抱いていた。

若く清廉（せいれん）な佐藤さんと丸山さんの思いに突き動かされ、この地へやってきたことへの感慨。長年にわたって会社を築き上げ、２００９（平成21）年に渋沢栄一賞（渋沢栄一の精神を受け継ぐ企業活動と社会貢献を認められた企業に与えられる賞）を授与された大山泰弘（やすひろ）さんと、泰弘さんから経営を引き継いだ長男の隆久（たかひさ）さんに会って直接話を聞くことへの興味と関心。さらには、この会社に勤務する社員への取材という特別な機会への感謝。

そうした気持ちが、違った色の絵の具を溶くように合わさっていって、これまで感じたことのないほど神経が張り詰めてもいた。

神奈川県川崎市高津区にある日本理化学工業の名が広く知られるようになったきっかけの一つは、２００８（平成20）年に経営学者・坂本光司さんが出版した『日本でいちばん大切にしたい会社』（あさ出版刊）という本だった。同年放映されたテレビ東京系の番組「カンブリア宮殿」でも日本理化学工業の取り組みが伝えられ、従業員80人ほどの小さな会社は「日本でいちばん大切にしたい会社」として知られるようになるのである。

日本理化学工業は、チョークを作る会社だ。

現在、日本のチョークのシェア50％を占める筆頭メーカー。その製造ラインで生み出されるのは、粉の飛散が少なくホタテの貝殻を原料にした「ダストレスチョーク」と、ガラスやホワイトボードなどつるつるとした素材に発色良く書くことができ、濡れた布で簡単に消すことができる筆記具「キットパス」。

チョークのメーカーがなぜここまで注目を浴びたのかといえば、そこには大きな理由がある。

ダストレスチョークとキットパスを製造している作業員のほとんどは知的障がい者であり、その半数近くは重度の障がいを持っている。

「身体障害者雇用促進法」が名称を「障害者の雇用の促進等に関する法律」に変えた1987（昭和62）年、適用対象が知的障がい者にも広がった。従業員50人以上の企業は、2％の障がい者を雇用することが義務付けられ、大企業を先頭に障がい者の雇用は徐々に増加している。が、2％の障がい者雇用を達成している企業は未だ全体の4割に留まっているという。とりわけ、知的障がい者雇用となると、そのハードルはより一層高い。

そうした状況のなかで従業員の7割が知的障がい者であり、その人たちが製造ラインのほぼ100%を占める生産の担い手だという日本理化学工業の現場は、世界にも例を見ない企業だ。

彼らの作る、粉が飛び散りにくいダストレスチョークは津々浦々の学校で使われており、文房具店の棚に並べられたキットパスは落書き好きな子どもたちを喜々とさせている。

知的障がいが大きなハンディキャップであり、容易に拭うことのできない不幸であるという〝常識〟を覆した日本理化学工業には、知的障がい者を雇用し、彼らが働く喜びを知るための会社作りに邁進(まいしん)した長い歴史があった。

その歴史の扉を開けた人物こそ、日本理化学工業の会長である大山泰弘さんであり、父から哲学と事業を引き継ぎ、未来へと希望を繋ぐのが社長の隆久さんである。

2階の窓をしばらく眺めた後、正面玄関を入って受付で名前を告げた私たちは、会議室に通され、大山会長を待った。すると、小柄な女性が盆に乗せた日本茶を運んできた。

「こんにちは。おじゃましています」

そう声を掛けても彼女は無言だった。少し緊張した表情のままお茶を置き、戸口に立った後、踵(きびす)を返し廊下へと消えていった。

そこに現れた会長の大山泰弘さんは、柔和な笑顔で私たちを迎えながら、こう話した。

「彼女は渋谷さん。勤続26年。会話はあまり得意ではないのですが、来客のときには必ず渋谷さんがお茶を運んでくれています」

知的障がいを持つ事務員が、会社の顔として客を出迎える。そのことが当然の業務になっていると説明する大山会長の声を聞きながら、私は、多摩川岸を吹いて草を揺らしていた清々しい風を思い出していた。

名刺交換と挨拶が終わると、私は大山会長にこう告げていた。

「知的障がい者雇用の草分けである日本理化学工業の素晴らしさを、書籍やテレビ番組で知りました。そのことをつぶさに取材させていただきたいことはもちろん、ここに至るまでの苦難の日々と、それを乗り越えてきた大山会長や大山社長、従業員の皆さんの挑戦の軌跡も、お聞かせ願えますか」

大山会長は、泰然としたまま言葉を紡いだ。

「会社は、売上を上げるためだけに、利益を上げるためだけに、存在しているのではないと私は思っています。人は人に必要とされてこそ、幸せを感じられます。楽しい、遣り甲斐があると感じられる仕事があってこそ、人は誇りを持てるのです。ここで働く皆が幸福を感じることができる、そんな会社にしていきたい。そのために私は存在している。特別なことは何もしていませんし、ありきたりな話しかできません。それでもいいのですか」

私は「はい」と答え、次のように続けた。

「知的障がい者の従業員の方々が、働く幸せを感じている。その光景と、そこに至るまでの道程を伺うことが、私の望んでいることです」

模倣（もほう）が許されなかった知的障がい者雇用の先駆者としての喜びと困難、この会社に集った人々のストーリーを一冊にしたいと願う私の言葉が終わるやいなや、大山会長は力強く言った。

「人は仕事をすることで、人の役に立ちます。褒められて、必要とされるからこそ、生きている喜びを感じることができる。家や施設で保護されているだけでは、こうした喜びを感じることはできません。職業を持って必要とされる喜びを知った彼らは、さらに懸命に働いてくれます。そして、そんな彼らを毎日見つめてきた私こそ、彼らから、働く幸せ、人の役に立つ幸せを教えられたのです。彼らに導かれたこの感謝こそ、私が日本理化学工業を続けてきた原動力です」

頑強な体軀（たいく）と伸びた背筋の大山会長が、80歳を越えている事実に戸惑うばかりだが、理念を説く姿には年輪を感じた。

「人間の幸せは働くことによって得られると、私は信じています。『経済』の意味をご存じですか。中国の古典に登場する言葉ですが、語源は『経世済民』です。文字通り『世を経め、民を済う』の意味なのですよ」

富の獲得とは別な、本来の経済を実践したいと願った大山会長は、強い信念で理想とすべき社会の形を作り上げた。

「私が提唱しているのは『皆働社会』です。日本国憲法第13条には『すべての国民の幸福追求を最大限に尊重する』とあり、さらに第27条で『すべての国民は勤労の権利と義務を負う』とある以上、重度障がい者だから福祉施設で一生面倒を見てもらえばいいというわけではありません。つまり、健常者が障がい者に寄り添って生きる『共生社会』ではなく、『皆働社会』なのです。そのことに気付いた私は、福祉施設改革による『皆働社会』の実現を経営理念の一つにしました」

信念に貫かれ、発せられる言葉の一つ一つに、社員への弛まぬ愛情が込められている。

知的障がい者雇用の扉を開けた出会いについて、私は聞いた。

「1959（昭和34）年に養護学校の先生が飛び込みで会社を訪ねてきたそうですね。その日のことを覚えていますか」

大山会長の頬が僅かに紅潮する。

「はい。鮮明に覚えていますよ。その日を境に、経営者としてまったく違った道を進むことになるとは、想像もしていませんでしたが――」

大山会長の一度目の取材を終えた私と佐藤さんと丸山さんは、正面玄関を出て再び絵が描かれた2階の窓を眺めた。

「あれがキットパスですね」

「ガラスの上でもあんなにきれいに色が出るんですね」

相槌を打った私は、二人にこう告げた。

「次は、あの窓の向こうに影になって見えた社員さんたちに会い、挨拶しましょう」

「ええ」

「そうしましょう」

振り返ると、佐藤さんと丸山さんの笑顔が見えた。

大山会長のインタビューは続き、それは何度も繰り返された。長男で社長の隆久さんも同様に。さらに、大山会長の長女で会長秘書である真里さん、従業員の皆さん、日本理化学工業に就労する知的障がい者とその家族の皆さんにも繰り返し取材の機会を作っていただいた。

取材を進めていけばいくほどに、創業一族が持ち得た鉄の意志に胸が震えた。知的障がいを持ちながらも会社に貢献する社員の姿、それを支える家族の思いには、ただ黙することしかできなかった。

やがて、それぞれの深遠な立場と思いに触れていくと、途轍（とてつ）もない不安が首をもたげた。企業のサクセスストーリーのごとく文字に転換することしかできないのではないか、という困惑だった。浅薄（せんぱく）な言葉など、何の意味も持たないことが、私の胸を締め付けた。

その度に、私は日本理化学工業へ車を飛ばし、輝く窓を見上げた。

ふとした時間に、チョークの生産ラインやキットパスを作る工場で静かに向き合った人たちの顔を思い起こした。

「ありのままを書いてください」

そう言った社長の隆久さんの声も、胸の奥に呼び覚ました。

数々のインタビューと逡巡（しゅんじゅん）の時間を経てここに記すのは、知的障がい者の多数雇用に身を投じた一人の企業家とその一族の激闘の記録であり、障がいを持って生きる人の働く姿と、その喜びの記録である。

目の覚めるような魔法はない。大団円（だいだんえん）のエンディングもない。けれど、多くの証言や、その光景から、誠実で温かな日本理化学工業のすべてを感じ取っていただけると自負している。

私の部屋の窓にも、日本理化学工業と同じように虹色の線が踊っている。花や昆虫や星や雲や人の顔を描き、濡れた布で拭き取っては、また描く。

チョークとキットパスの作り手である彼らの光を湛（たた）えた瞳を、私は忘れることがない。

第1章

日本でいちばん大切にしたい会社と呼ばれて

思いがけぬ脚光と変わらない日常

２００８（平成20）年3月、一冊の本が出版された。『日本でいちばん大切にしたい会社』と題されたその本は、経営学者であり大学教授でもある坂本光司さんが、６０００社を越える全国の中小企業訪問を行ったうえでその存在を知らせたいと願った会社５社を紹介したものだ。

坂本さんがこの本を執筆するきっかけとなったのが、日本理化学工業への訪問であり、障がい者雇用に尽くした大山泰弘会長の言葉と社員の喜びの表情が懇篤に綴られている。

この書籍の反響は思いもよらないものだった。半世紀にわたり知的障がい者を雇用し、社員の7割が障がい者という老舗のチョーク製造会社の金銭的利益のみを目的にしない姿勢が注目の的となった。

同年の11月、テレビ東京とその系列局で放映されている経済番組『日経スペシャルカンブリア宮殿～村上龍の経済トークライブ～』に大山会長が出演する。長年の知的障がい者雇用の取り組みとともに、大山会長の「障がい者に働く幸せを教わった」というコメントが紹介され、利潤至上主義だけでは作り得ない企業の価値が伝えられると大きな話題になった。

書籍やテレビというメディアの力により、創業者の次男であり1974（昭和49）年から34年間社長を務めた大山泰弘さんが信じて歩んできた道に光が当たった。その後も思いがけないほどの関心が集まり、日本理化学工業は、利益とは相反すると考えられてきたヒューマニズムを併せ持った特別な会社として、その名を知られることになるのである。

「幸せを創造する会社」と呼ばれ、全国から脚光を浴びるこの会社。現在、率いているのは4代目社長である大山隆久さんだ。泰弘さんの長男である隆久さんは、2008（平成20）年に父親からその任を引き継いでいる。

社長職を息子に譲った泰弘さんは会長となって籍を残したが、実質の経営責任は当時40歳だった隆久さんが負うことになった。

以後、急激な右肩上がりを望めないチョーク業界の現実に向き合いながら、障がい者雇用とチョークの品質改良とシェア拡大、さらには自社のオリジナル商品の開発に邁進してきた隆久さん。

私は彼に、「なぜこうした会社が誕生し、粉の出ないチョークを作り出し、知的障がい者がその製造の担い手となれたのか」と、聞いた。そして、メディアによって報じられる華やかな賞賛の陰にあるはずの困難や絶望すら言葉にしてほしい、と伝えたのだ。

すると、隆久さんは小さく頷いた。

「どなたも、障がい者雇用というと『社会貢献に頭が下がります』とか『素晴らしい事業を行っていますね』などと褒め称えてくださいます。けれど、私たちにとって、それは特別なことではなく当たり前のことなんです。会長である父が作り上げた会社を継いだ私にとっては、社会正義や人生の使命といった高揚感などまったくありません。安全に精巧にチョークを生産し、心を込めて販売していく。それを1日1日積み重ねていくだけです」

日本理化学工業は健常者と同じ最低賃金を守り、知的障がい者の雇用を実現している。１９７５（昭和50）年には全国初となる「心身障害者多数雇用モデル工場」（当時）を川崎市に開設。それよりも8年前の１９６７（昭和42）年には、北海道美唄市の誘致に応じ、同様の工場を開設している。

その取り組みが書籍やテレビで紹介され、企業家としてだけでなく篤志家として大山会長の名が轟いた。もちろん、現社長の隆久さんも同様だ。

だが、英雄的な扱いや賞賛の声にこそ戸惑っている、と隆久さんは微笑(ほほえ)む。

「こんなに小さな、そしてまだまだ不完全な会社ですよ。ただ、これまで積み重ねてきた仕事の記録や職場での出来事、取り組み、私に希望を与えてくれる社員の皆さんは私たちの誇りです。そのことを綴っていただけるのであれば、どうぞ、何でもどんなことでも、聞いて、書いてください」

そしてこう続けた。

「障がいがありながらも懸命に働く社員から、他には代えがたい幸福を授けられます。それは本当です。人が人を気に掛け、力になりたいと素直に思えます。また、人間に役割はあっても優劣などないと気が付けます。この思いを得たければどうか気負うことなく、障がいのある方々を受け入れる環境を作り、雇用してください、と強く申し上げたいくらいです」

もちろん、喜びの先には事業の厳しさもある。

「7割を超す知的障がい者の社員と、3割弱の社員と、その家族を思うと、もっと事業を拡張して売上を伸ばさなければならないとも思い続けています。その過程では、窮地に立ったことも、このままでいいのかと壁にぶち当たったこともあります」

それでも隆久さんは、この道以外の道を選ばなかった。

「私たちにはありのままの姿しか示せません。ありのままこそが素晴らしい。そのことも障がいのある社員たちから教わりました」

隆久さんは、自らライトバンを駆って営業に飛び回ってもいる。その時間をやりくりし、度重なるインタビューを受けることを承諾してくれた。繕うことなく、また謙遜することもなく、事実だけを克明に伝えるため話をしてくれたのだった。

チョーク製造ラインで働く知的障がい者たち

「私たちの会社は、大手メーカーのように、何十人もの障がい者を毎年雇用することはできません。けれど、縁あって社員になってくれたなら、遣り甲斐のある仕事に就いてもらい、技術を磨き、健康なら定年まで勤め上げてもらいます。10代や20代前半で入社した社員は、30年、40年、50年と長年にわたって働いてくれます。つまり、日本理化学工業の原動力であり、歴史の担い手でもあるのです」

川崎工場の1階にあるチョークの製造ラインを案内された私は、すべての工程で作業に打ち込む従業員の姿に、日本理化学工業の歴史を感じていた。

社長は誇らしげに言った。

「チョークの製造ラインで働く社員は14～15人。全員が障がいがあります。繁忙期や欠勤がある場合などは、健常者の社員がラインに入ることもありますが、通常は知的障がいがある社員だけに任せています。慣れない健常者の社員が入ったほうが、むしろ足手まといになるんですよ」

隆久さんからチョーク製造の工程の説明を受ける。

工程は、①混練工程、②押出し工程、③切断工程、④乾燥工程、⑤コーティング工程、⑥梱包工程、とおおよそ6段階に分かれている。

「この川崎工場の周辺には、特別支援学校が6校ほどあります（知的障がい児、肢体不自由児、病弱児などに対して、幼稚園・小学校・中学校・高等学校に準じる教育を行うとともに障がいによる困難を克服するために必要な知識・技能などを養うことを目的とする学校を『養護学校』と呼んでいたが、２００７〈平成19〉年の学校教育法の改正により、法律上の区分として『特別支援学校』と呼ばれることになった）が、そこから毎年、何人かの生徒が就業研修にやってきます」

特別支援学校の高等部の2年生から3年生の生徒は、地域の企業で1カ月弱の就業実習を行っているという。

「我が社はこの職場実習を長年行っていて、生徒さんたちには、いくつかの作業工程を経験してもらいます。そのときには、作業だけでなく生活全般の様子を見て評価をします。チョーク作りに興味があり、また向いていると思う生徒さんとは、ご家族を含め就職に向けた面接に入ります」

実習期間を経た社員は、適性を見ながら本人の希望も聞き、配属を決めていく。

「新人社員に仕事を覚えてもらう手順も、一般の企業とは違うかもしれません。第一は本人の理解力です。それに合わせて作業を選ぶので、むしろ入社後の技術や作業の習得は皆早いですよ」

作業場を歩き、その生産過程をくまなく見学させてもらいながら、私はオートメーションの工場にはない人のエネルギーを感じて、戸惑っていた。工場の製造ラインというより、むしろ職人たちの工房である。働き手の集中力が尋常ではないのだ。

そう社長に告げると「その通りです」と言った。

「健常者なら15分、30分しか続かない高度な集中力を彼らは持ち、それを数時間継続することができます。私たちが単純作業を何時間も繰り返すと緊張が切れたときにミスが起きますが、この工場でラインを任せている社員は集中力を難なく持続する能力があるんです」

それぞれの過程で正確に動く彼らは、同時に不良品などの検品も行う。

「製造途中のチョークに不具合があった場合も、私たちには見えない歪みや気泡を見つけ出してくれます。工業ロボットでは不可能な作業です。違いを見極める鷹のような鋭い目を、彼らは持っているんです」

社長の解説を聞きながら、それぞれの作業に注目すると、熟練の技が駆使されていることがわかる。誰かの動きが滞れば、ラインはその度に止まることになるのだが、この工場では就業の8時間、一度も止まることがない。

私は作業場でチョークを作る彼らの手元と表情に目を向けた。同じ作業が繰り返されていくが、単なる流れ作業ではない。すべての工程で、彼らが訓練や経験によって身に付けた技術が活かされていく。

混練されて粘土状になった材料を、チョーク押出し成形機に入れる作業を担当する菅（すが）井雅明（いまさあき）さんに、入社日を聞いた。

「91年。3月26日だよ」

菅井さんは〝暦の天才〟で、西暦と月日を言えば正確に曜日を言い当てる特技がある。

「カレンダーが頭の中にあるのですか」

菅井さんは大きく頷いた。

「うん、何曜日って」

隆久さんが、ふいに年月日を言った。

「1936年4月29日」

一秒と待たず、菅井さんが答えた。

「水曜日」

「2575年11月5日」

「日曜日」

菅井さんは楽しげに曜日を答える、何度でも。

「菅井君は2011年に20年表彰を受けました。40代になって、職場のムードメーカーでもありますよ」

押出し担当の柳沢誠(まこと)さんは、菅井さんと同い年だ。

「では、柳沢さんも勤続20年の表彰を？」

社長に掛けた声に柳沢さん本人が答えてくれた。

「まだ、あと4年」

隆久さんは、嬉しそうに語り出した。

「勤続表彰があります。10年、20年、30年、40年、と。皆それを励みや目標にしてくれるんですよ」

ラインのなかでも最も重要な押出し工程では、押出し成形機から長く練り上げられた粘土状のチョークが伸びている。作業する者たちは、それを精巧に美しく「3本の束×5列」に並べていくのだ。機械よりも正確な間隔で、真っすぐに。

その粘土状の真っすぐなチョークを切断し、「かじり」を取り除き、乾燥機へと入れる工程を担当するのは中山文章（ふみあき）さん。彼は、19歳で日本理化学工業へ入社した。

ボタンを押して切断機を操作し、チョークの長さに切断する。そのチョークの品質を見て、不良品や切断されたチョークの端だけフォークで刺して取り除き、乾燥機へと運ぶ。取り除く素早さや正確さは、あまりに鮮やかだ。

「『かじり』とは何ですか」

そう問いかけると、隆久さんがプレートに並べられたチョークを見ながら解説してくれた。

「ご覧のように、乾燥前の柔らかいチョークを3本の束×5列でプレートに並べていくわけですが、この並べ方が悪いと曲がったり、他のチョークとくっ付いたりして、不良品になります。それを『かじり』と呼んでいるんです」

かじりを取り除き、切断したチョークの両端を取り除くエキスパートがまさに中山さんだ。チョークのつぶれ部分（端の部分）を取るその道具は、食事用のフォークだ。隆久さんは、作業に使うフォークを手にとった。

「この作業にフォークを使おう、と言ったのもラインで働く社員でしたよ」

フォークの先端は、チョークのつぶれ部分を取り除くために程よく広げられている。製品となるチョーク本体を決して傷つけない巧みさは精密機器のようだ。同時に、成形されたばかりのチョークの歪みや曲がり、小さな気泡などをこの作業時に見つけ、それもフォークで刺して取り除く。

「焼く前の柔らかいチョークをこんなに繊細に扱えるのは彼だけです。私がやればチョークは曲がるし、指紋は付くし、正しい製品にはなりませんよ」

中山さんは真っすぐな正しいチョークを傷つけず、「かじり」だけを取り除いていく。

「そのときには、『かじりがありました』と声を掛けることになっています。押出しの作業を担当する者は『もうかじりを出さないぞ！』と気を引き締めますからね」

中山さんの横顔に、私はこう声を掛けた。

「傷ってどういう感じなんですか？　傷のあるチョーク、教えてくれますか」

流れてくる粘土状のチョークを手際よく３本の束×５列に並べる

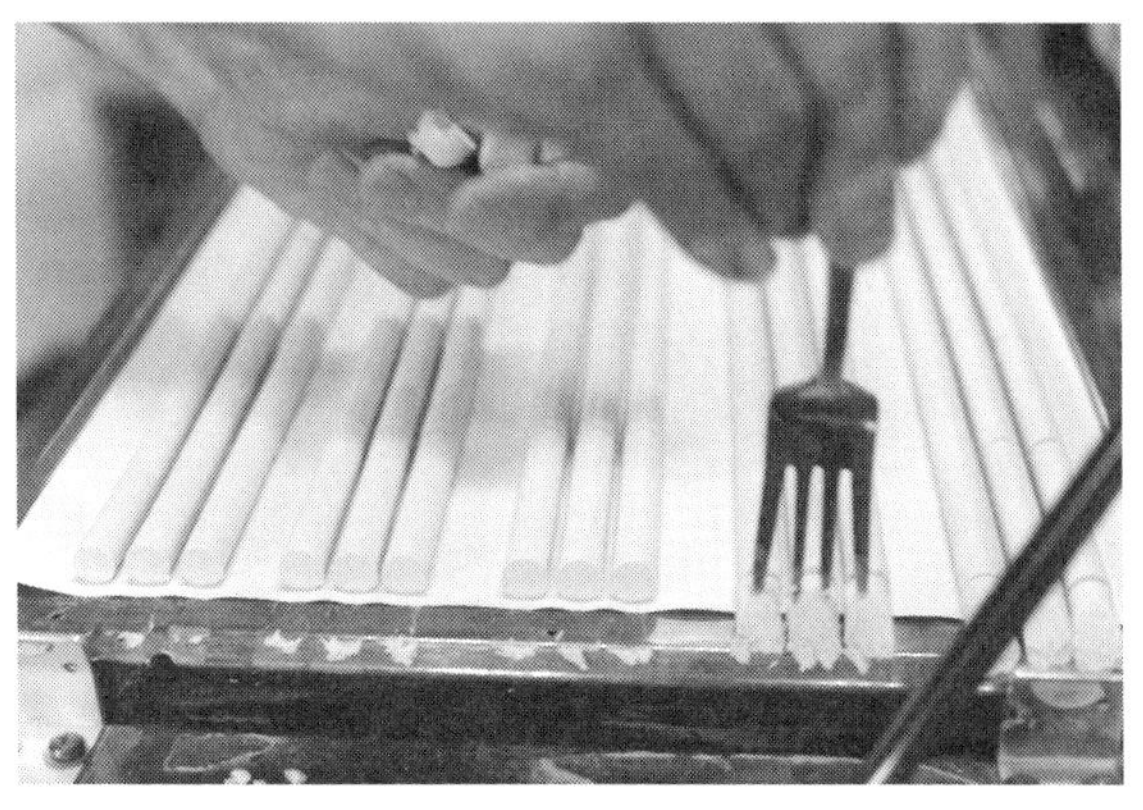

フォークで端のつぶれを取り除きながら品質も確認する

工場中に元気な声が響いた。

「かじりはありません！」

「一瞬見ただけでわかるんですね」

中山さんはこくりと大きく頷いている。

次に手にしたプレートを見た刹那、彼の表情が変わった。

「あっ！　かじり、ありました！　くっ付いてる」

「どれ？」

一目見ただけではわからない。

「ありました。あった、下のほう」

「どこどこ？」

「これです、これ」

「え、こんなにちょっと？」

そこには隣のチョークに触れているのかいないのかわからないほど、微かに曲がったチョークが見えた。

「これも傷になるので、製品としては出せません。日本工業規格（ＪＩＳ）は絶対なので、その砦を守ってくれているのが彼ですね」

新しいプレートを見ている中山さんに今一度、声を掛ける。

「このプレートにはかじりはありますか」

「ありません」

次の瞬間、彼は歯ブラシを手にしていた。

「この歯ブラシはどこに使うんですか」

中山さん本人が答えた。

「この歯ブラシはね、こうやって、カス落としに使うよ」

切断のワイヤーにチョークのカスが付いていたら、成形の精度を保つため歯ブラシできれいに落とすのだ。

「カスが付いたときに、このブラシできれいにするんですね」

「そう。切るときに」

小気味よい作業を30分ほど見学し、その場を離れる私は彼の背に頭を下げた。

「作業を見せてくださり、ありがとうございました」

「ありがとうございました」

中山さんの声に、製造ラインのすべての人たちの声が続いた。

何重ものありがとうを聴きながら、私は静かに製造ラインを離れた。

それぞれの理解力に合わせた工夫

彼らが研ぎ澄まされた技術を発揮できるのは、健常者の社員が「こうやるべきだ」とその方法を画一的に教えるのではなく、障がいのある社員それぞれの理解力に合わせた工夫が施されているからだ。

隆久さんはまず原料の置かれている場所に立ち、こう説明をしてくれた。

「原料を入れるバケツの色はそれぞれ異なっており、入れ間違いのリスクがないようにしました。分量はバケツと同じ色の分銅と秤を使って計量します」

雇用した知的障がい者をラインの仕事に就かせることはできないか。そう考えた大山泰弘会長が、文字を読むことができずとも信号機の色とその意味を理解し、事故に遭わず通勤する障がい者の姿を見て、「色合わせ」で材料の計量ができる手法を編み出した。

「同じ色を合わせるというルールを理解する。その能力を応用し、材料の計量に使いました。普通の工場なら『原料は何グラムで何と何を混ぜる』と教え、マニュアルにある指示表を見て材料や手順を確認するのですが、文字や数字の理解が難しい人のために編み出した方法です」

「父から聞いた話ですが、当初は言葉で何度説明しても、『わかった』と言って、作業してては間違える。その繰り返しでした。ところが、色合わせの方法で実際にやってみたところ、健常者の社員がサポートしなくても、正確に計量していくのです」

作業を見回る健常者の社員が順調な作業を褒めると、さらなる変化が起きた。

「ラインの担当者に『よくできているね』『順調だね』と声を掛けて、褒めながら仕事をしていくと、作業効率が上がり、就業時間の前に自分の仕事が終わってしまう。すると、『もっとやってもいいですか』と、仕事への意欲が湧いてきたのだそうです」

その人の持つ理解力に合わせて作業工程を設計し、温かい目で見守れば、彼らは健常者と変わらない能力を発揮する。さらに、褒められれば喜びを感じ、向上心を持つ。

家族や社会が保護することでしか生きる術がないとさえ思われていた知的障がい者。その存在が大山会長や社員の気付きと努力によって、会社の主戦力に変わった瞬間だった。

「大事なのは無理に教えるのではなく、彼らの理解力に合わせて作業環境を作ること。父や当時の社員は、そのことに情熱を注ぎ、作業工程の改善を図っていったのです」

工場には大きな砂時計がいくつも置いてある。文字盤の時計が読めない彼らのために、この砂時計が使われているのだ。

「原料の混練では同じ品質を保つために一定の時間でミキサーを動かさなければなりませんが、時計が読めない社員も多い。そこで、時計が読めなくても正確な時間を計れるよう砂時計を用いました。混練の機械のスイッチを入れたらまず砂時計をひっくり返し、砂が落ちたらそのスイッチを切る。どんな社員も間違えることがなくなりました」

解説書や手順書を手渡して理解させることを目的とせず、体で覚える職人を創る。日本理化学工業の数々の工夫は、卓越した職人を育て上げることになった。

「父や当時の社員たちは、障がい者を前に『どうしてできないんだ』と考えるのではなく、常に『どうすればできるんだ』と、考えました」

たとえば、数を数える場合。

「2桁以上の数を数える場合には、数字が書かれた単語帳を用意しています。押出しの作業では10枚一束になった取り板にチョークを取り、次の10枚に入るときに1枚めくる、というように」

その結果、彼らにできる方法さえ見つければ、彼らは力を尽くし働けることを証明できた。

「そればかりか、常人にはない集中力・察知力を発揮してくれることを知ったわけです」

「チョークの作業目標」を掲げ、昨日の製造本数と今日の目標本数を数字で示し、クリアしたらその日に、「目標達成おめでとう、よく頑張ったね」と褒めると、生産性は右肩上がりとなり、彼らが作ったチョークの品質は業界一高いものになった。

川崎工場では、手作業と思えない速度と正確さで、揃えられたチョークを乗せた板を1日に一人500枚作ることが目標だ。チョークの数にして14万本。そのチョークが焼き上げられ、コーティングされ、検品され、箱詰めされ、全国の学校へ届けられている。

「知的障がい者では無理だと思われていた検査・検品も、我が社ではラインのメンバーが取り組んでいます。チョークのサイズは厳密に決められていて、厳しい規格をクリアしなければなりません。製造ラインには5カ所、不良を目視で確認する場所があるんですよ」

そこにも弛まぬ工夫と、その結実として誕生した道具があった。

「まず、押出し成形機の検査棒です。チョークを圧縮して円柱形にするための穴の大きさを測ります。この検査棒が目盛りの線まで入らなければ合格です。逆に摩耗(まもう)により穴が基準より大きくなっていたら、棒は目盛りより深く入ってしまうので、チョークの押出し成形機のノズルを調整しなければなりません。この棒により、ノギスでの計測の必要はなくなりました。検査棒を用いて、障がいのある社員が毎日生産前と休憩後に検査をして機械のメンテナンスも行っています」

さらに、完成したチョークの成形品を検査する箱型の治具もある。

「チョークは0・1ミリ単位の品質基準が求められます。JIS規格に適合するチョークの太さは11・2ミリ+−0・5以下の誤差です。それをチェックするために、上限と下限の溝にはめて確認する方法を考えました。誰もが一瞬で太すぎる、細すぎる、曲がっているなど、チョークの不良を検査することができる道具を作ったのです。これも複雑な計測器や目盛りのある機械を使わなくてもいいようにと、父と社員が考案しました」

使い方は簡単だ。コーティング工程の終わったチョークを目視して不良が疑われる際(目視で1ミリの誤差を見つけ出す能力もまた熟練の職人の技だ)に、そのチョーク1本をつまみ上げ、箱型の治具の溝にすっと入れてみる。太い場合は、溝に入らない。細い場合は、溝のいちばん底に落ちてしまう。

「この治具には、溝の中段に段差があって、中段より下は隙間がより狭くなっているんです。この溝にすっかり収まるチョークが正しいサイズということになります。チョークが溝にすっと入り、なおかつ中段で止まっていれば合格です」

　道具を使って見つけ出した不良のチョークを入れる箱にも、さらなるアイディアがあった。×の箱と△の箱があるのだ。隆久さんが解説する。

「チョークが、ＪＩＳ規格であるか否か。製造ラインを含めた5カ所の検査ポイントで、僅かでも疑わしいチョークはラインから取り出していきます。絶対に不良品を販売商品に混入させないためです。万が一、ＪＩＳ規格外のチョークを販売して返品となれば、社の信用が失墜しますから。とにかく厳密さを重視しているので、ぎりぎりＪＩＳ規格内にあるものがピックアップされる場合があるのです。そうした判別が難しいものを△の札の付いたボックスに入れます。×の札が付いたボックスのチョークは砕かれ、再度練り直して成形し直されますが、△ボックスのチョークは健常者の社員が手にとって再検査します」

　ＪＩＳ規格の選別は、チョーク職人にとってなくてはならない資質だと隆久さんは言う。

「この選別作業は、得意不得意を知る機会にもなっています。的確に×と△を仕分ける人と、曖昧な選別をする人とを知ることができる。作業を見る健常者の社員は、曖昧な選別をする社員に検品の技術向上のためのトレーニングをしたり、アドバイスをしたりするんですよ。皆、鋭い感性と目を持っていますから、必ず上達します」

オートマティックではあり得ない人の能力の発揮と、二重三重に担保されるチョークの品質。整然と構築されたチョークの製造工程が、一分の隙もなく働き手に寄り添っている。

壁には効率良く作業が進むように、手書きの工程表が貼られている。

「白色のチョークは美唄工場で生産されていますので、川崎工場の生産ラインでは、白色以外の色チョークを主に生産しています。そこで、特に気を配っているのが、チョークの色を替える際の作業時間です。色を替える度に機械を分解して洗浄・掃除を行うため、この清掃時間が長くなればなるほど生産効率が落ちてしまうからです。色替えの工程で時間短縮するための工夫が、この工程表なのです。製造の工程を『押出し』、『混練』、『箱詰め』の3つに分けてチームを組み、各チームの色替えのための工程を明記して、10分きざみ、30分きざみに、それぞれ作業ができるようになっているんですよ」

幼稚園や小学校の低学年の教室にあるようなカラフルな工程表を侮ることなかれ。そこには、今、自分がどのチームにいて、何をすればいいのかが一目でわかるように示されている。

「熟練した社員ばかりですから、慣れた作業なら時間内に終えてしまうことも少なくないんです。すると、作業が終わっていないチームを手伝うようになって、さらなる時間短縮に繋がっていきました。私たちがお願いしたのではなく、彼らの自発的な行動です。ありがたいことに、今はそれが当たり前の作業になっています」

私は、細かな説明を施してくれた社長へこう声を掛けた。

「ラインで働く皆さんの表情がいきいきしていますね。皆、瞳が輝いて楽しそうです」

黙々と作業している彼らは、その静けさとは対照的な華やいだ表情をしている。瞳は輝き、時折笑みを浮かべて、目の前のチョークを愛情ある目で見つめている。

隆久さんも「日々そう感じています」と、相槌を打った。

「人体に安全なチョークを作っているという誇りと喜び、このチョークを待ってくれている学校の先生や生徒たちへ届けたいという使命感、彼らはそうした思いを簡単には言葉にはできませんが、表情がそれを物語っています。私などは、彼らの潑剌(はつらつ)とした笑顔を見る度に、チョークを作っていることの嬉しさを思い出させてもらっていますよ」

ラインの中央には、1年間の目標を記した「チャレンジボード」が掲げられている。つまり、それは日本理化学工業の生産目標だ。

「押出しや箱詰めの1日の目標を決め、1年にわたってどれだけ達成できたか、一目でわかるようにしたボードです。達成できた日には花のシールが貼られます。花のシールを増やすために頑張り、シールが貼れない日は悔しがります。シンプルですが、この手作りのボード1枚が皆の心を一つにしていますね」

働く喜びを得るための目標

昼休みになると、製造ラインで働く社員たちは2階へ向かう。彼らが昼食をとる場所は2階にある。私もまた社長の案内に従い、その食堂へと向かった。私が最初に訪れた際に見上げた光る虹色の窓。それはこの食堂のものだった。

窓の内側に社員たちが日本理化学工業のオリジナル開発商品である「キットパス」を使って、思い思いの絵を描いているのだ。窓際には、キットパスの箱がいくつも置かれている。

「何を描いてもいいし、上手くても、下手でも、いいんです。就業前や昼休みに、皆楽しんで描いていますよ。落書きですから、描いては消し、消しては描いて、気が付くと新しい作品ができていています」

そう話して、楽しげに窓の絵を見る隆久さんは、昼食を食べようとする社員たちに目をやった。

「家から持ってきたお弁当を食べる人もいますが、仕出しのお弁当も注文できます。いくつかあるメニューから食べたいお弁当を選んで、自分の名前が書かれた札を注文箱に入れるのです。昼になると、そのお弁当が届いています」

お弁当の注文一つにも、彼らを混乱から救う秩序がある。細やかに温かく彼らのことを思ってのシステムが構築されている。

窓いっぱいに描かれた絵と部屋を明るくする陽の光。おしゃべりをしながら食べる人、一人で静かに食べる人、それぞれがそれぞれに、健常者と障がい者の隔たりなく休み時間を過ごす。

窓辺に立った私に、隆久さんは入り口の右手奥の壁を示した。

「あそこに貼ってある写真付きの紙は、彼らが自分で記した1年の目標です」

「平成○○年度　私の目標」と書かれたA4ほどの大きさの紙には、名前と担当、役割とポートレート写真があり、その下には自分の目標が箇条書きで記されている。

「役職によって各々目標は違いますが、作業の効率や目標の製造数、仲間への声掛け、連絡事項の徹底、タイムスケジュールの意識、機械・機材のチェックについてなど、具体的に書かれています」

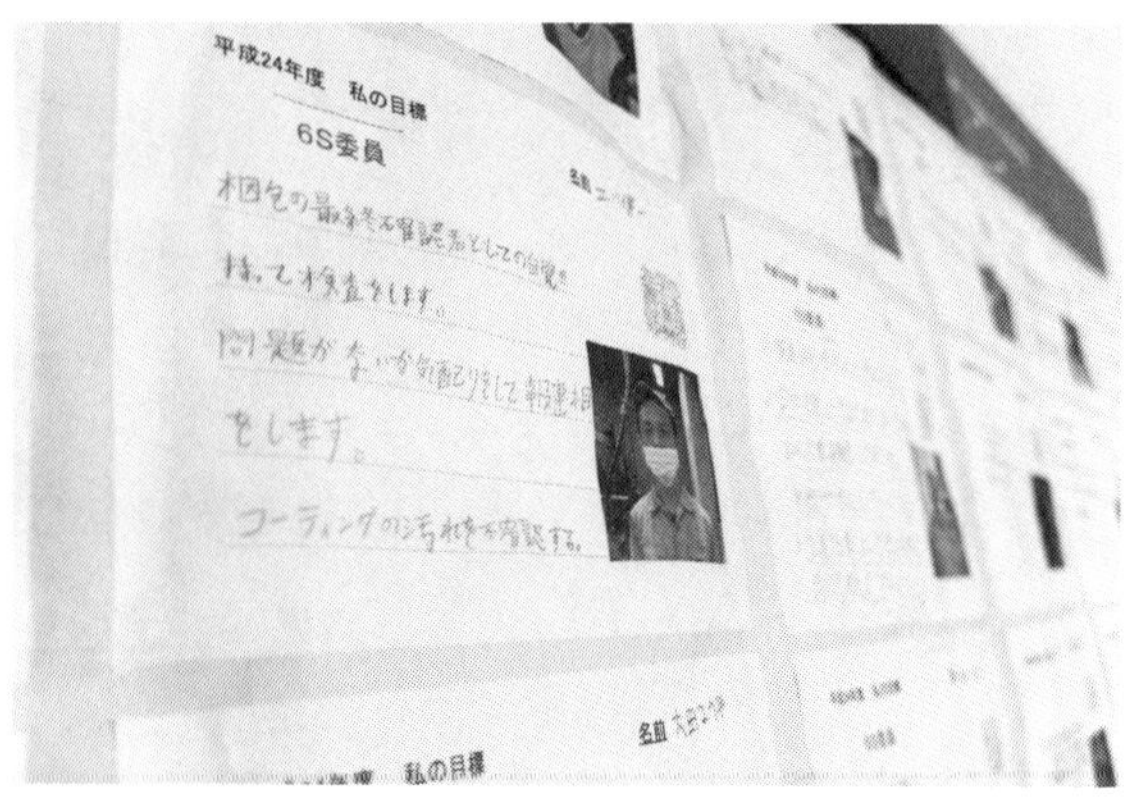

一人一人が上司と目標を決めて１年間取り組む

晴れた日は空に絵を描いているように見える

たしかに、この紙を見れば各社員の目標が一目でわかる。

「この紙に1年の目標を記入してもらい、ここに貼り出す度に、私は心が洗われるような気持ちになります。生産日報という日々の仕事の記録を見ても、そうです。文章は上手くないし、なかには文字を書けない社員もいます。が、全員の仕事へ向き合う真剣な気持ちが読み取れ、頑張ろうとしている心が込められていることがわかります」

社員たちは時折、自分や仲間が書き込んだ「私の目標」の文字を見つめているという。

「1年という時間のなかで明確な目標を挙げ、そのことをなおざりにしない彼らこそ、職業に対して誰よりも真摯（しんし）だと思います」

鉛筆で書かれた丁寧な文字。四つも五つもある目標は、仕事への意欲と自らの責任の表明であり、すべてが働く自分のためのものだ。

私がそのいくつかの目標をノートに書き写していると、隆久さんが振り向いた。私はその顔に向かって正直な気持ちを伝えていた。

「障がいとは一体何なのでしょうか……。ここにある彼らの姿は、彼らが労働の重要な担い手であり、経営を支える存在であることを示しています。障がい者という区別など必要ない、と思えるほどです」

私のなかには驚きがあった。日本理化学工業の取材を始めて、劇的に変えられた意識があった。

「私はこれまで、障がいのある人々にとって幸福な社会とは、手厚い国家の福祉とは、『安定した衣食住の提供』だと信じていました。けれど、それがすべてではないことが、ここに証明されています。障がいがあっても、仕事をできる人であれば、労働とその目標、対価として与えられる賃金と日々の働く幸せを得てこそ、その人生が輝くのですね」

設備の整った施設と手厚い保護。それが障がい者にとって幸福をもたらす条件であり、それこそが〝良い福祉〟なのだと位置付けていた私は、1階にあるチョークの製造ラインと、いくつもの絵が輝いている窓を持った食堂を訪れ、また彼らの目標という「声」を読んで、そうした思いがいかに「狭い視野」によるものだったかを考えていた。

「ありがとうございます」

隆久社長は私に小さく会釈した。

「父である大山泰弘が目指した会社経営は、まさにそこにあります。うちに入った社員には健常者でも障がい者でも、働く幸せを感じてもらう。その喜びが単なるスローガンでは意味がありません。特に、障がいのある社員の気持ちが喜びに満ち溢れていることが大きな目標です。そして同時に、資本主義社会のなかで生き残っていかなければならない。うちの会社は慈善事業を行っているのではありません。父からバトンを渡された私は、障がい者が製造のスキルを持って支えている会社でも、これだけの経営ができるのだということを〝業績〟で見せていきたいのです」

日本理化学工業のエース

昼休みが終わると、社長の大山隆久さんは2階にあるキットパスの製作室に私を案内してくれた。

その部屋に一人でいたその人は、入り口に立った私を一瞥（いちべつ）すると、すぐに視線を手元に戻した。

「こんにちは」

そう声を掛けても、返事はない。

窓から差し込む午後の光が、グレーの作業着を水色に変えていた。眩しさに少し目を細めた私は、長身の青年の黒目がちな瞳に目をとめた。彼は指先で緑色の小さなスティック状のものをつまみ、それを静かに目の前の台に置いていた。

「作業中に、おじゃまします」

そう言って部屋の中央へ歩を進めた私に戸惑ったのか、または、声を掛けた私へ返事をしてくれたのか、彼は被っている帽子のツバにほんの少し手を触れた。

私の背後で、隆久さんの明るい声が響いた。

「彼がうちのエース、本田真士君です。キットパスは我が社が社運を賭けた商品です。それを本田君が先頭に立って製造しています。彼の作業の緻密さ、正確さが不可欠なんです。本当に頼もしい存在ですし、その熱心さと集中力には頭が下がります」

工場の2階にあるキットパスの製作室は、原料や製作過程の秘密保持のため、本来は部外者の入室が禁止されている。

その場所へ、社長の隆久さん自らが先導し、私を案内してくれたのだった。

環境固形マーカーという別名を持つ「キットパス」。それは、授業の要点を黒板に記すチョークを作り続けてきた会社が生み出した、チョークとはまるで違う特徴を持った筆記具だ。

黒板には書くことができない。けれど、ホワイトボード、ガラス、プラスチックなどの浸透しない素材の凹凸のない平滑面にはすらすらと書け（描け）、濡れた布などで簡単に消すことができる。色は、白、赤、黄、青、緑、橙、黄緑、黒、桃色、水色、薄橙、茶、紺、紫、こげ茶、灰色の16色。

チョークのように粉塵が出ることもない、ホワイトボードマーカーのようにインクが薄くなることもない、キャップの閉め忘れの心配もいらない、強い揮発臭もない、消すことが容易で清潔であり、主原料は化粧品と同じパラフィンが使われているので幼児が誤って口にしても害毒がない、また、水で溶かせば絵の具としても使える。事務筆記具としても画材としても斬新な商品である。

隆久さんが解説する。

「このキットパスは、子どもから大人・お年寄りまで、あらゆる世代で落書きを楽しんでいただけるように開発された商品です。これまでの筆記具である色鉛筆、クレヨン、絵の具は紙の上で使うことが前提ですが、キットパスは、紙はもちろん、窓ガラスやタイル、食器やビニール傘にまで文字や絵を描けます。ネーミングには、きっとパスする、夢を叶えるチョーク、そんな意味を込めました」

キットパスの製作室の前に立つとすでに熱が感じられた。体にほんのりと温かさを感じる部屋では、原料を溶かし、色を混ぜ、練り上げる機械が静かに動いている。

匂いも立ちこめている。それはパラフィンの匂いで、化学物質が持つ刺激や異臭は微塵も感じない。パラフィンとは石油原料を蒸留し精製したもので、一般に知られるのはロウソクだ。温度により硬くなったり、柔らかくなったり、形状を変えることができるその原料は、油性のファンデーションやスティック状の口紅にも使われる。

攪拌機（かくはんき）で温かく柔らかいパラフィンに顔料を混ぜ、練り上がったものをクレヨンのような型に丁寧に押し込み、成形していく。

本田さんは、型から取り出したキットパスを丁寧に並べ、その品質を確認していた。

「成形したキットパスは冷却し、その後、紙を巻き、箱に詰めていきます。その作業をする従業員の部屋はこの２階の奥にあります」

隆久さんが工程の説明をする間も、本田さんは、完成途中のキットパスから目を離さない。ときには、並べたものの何本かを指でつまみ上げ、脇にある容器に放り込む。

「ほんの少しでも歪みやヨレやムラがあれば、それをピックアップし練り直します。特別な、本当に特別な集中力と識別力で、本田君はそれを見極めることができます。私などにはできない作業を彼が担ってくれています」

本田さんはキットパス製造に初期から携わっており、リーダーとして行動している。後輩に作業工程を教えたり、戸惑っている者がいれば声掛けをしたりするなど、キットパス作りの現場には欠かせない存在となっている。

「キットパスの担当以前は、いつも始業時間ギリギリに出社していましたね」

本田さんの隣に立つ隆久さんが振り返る。

「ところが、キットパスの担当になってからは出社がどんどん早くなり、今では始業時間の8時30分にすぐに作業ができるよう、7時台には会社に来ています」

作業場の掃除をし、製造に必要な準備を整えるためだ。責任感や使命感、リーダーとしての自覚は、キットパスの成形作業と同時に深まっていったようだ。

「キットパスに携わるようになってから、成長の度合いが急速に進みました。たしかに話は流暢（りゅうちょう）にできないかもしれないけれど、必要なことをきちんと伝えていく役割も担っています」

繁忙期には残業や休日出勤もあるが、本田さんは「少しでも多くキットパスを作りたい」という。

社長の隆久さんは言った。

「本当に一生懸命やってくれている。本田君がいないと終わらないということも、よくありました。本田君自身、物づくりが好きだといっても、当初は新しい事業でしたからさまざまな試行錯誤もあったと思います。何しろ、製品として進化していかなければならないのですから難しいことが多かった。日々それを考えながら、キットパスは本田君と一緒に作っていきました。私たちこそ、本田君に教えてもらうことがいっぱいだったんですよ。本田君の貢献がなければ、キットパスがここまで早く、我が社の主力商品になることはなかったと思います」

本田さんを「エース」と呼ぶ社長の感激も一入だった。

本田さんへの尊敬は、健常者の社員こそが抱いている。

「社長の私を筆頭に、社員は皆『障がい者のために何かやってあげる』とか『面倒を見てあげる』という意識はありません。逆に誰もが、彼らから働くことの尊さ、喜びを教えてもらっています」

文字通り、同じ会社で働く同僚たちには、その枠を超え、家族や親友といった思いやりが窺える。長年勤めている社員はもちろん、勤務して数年の若い社員たちにも、知的障がい者雇用をスタートした頃から育まれた絆が、受け継がれている。

知的障がい者が戦力となる会社

障がい者が製造を支える日本理化学工業には、いろいろな症状の人がいる。本田さんは「自閉症的傾向」と診断されているが、知的機能の障がいはさまざまだ。

厚生労働省の公式サイトには「平成17年度知的障害児（者）基礎調査結果の概要」として、以下のような記述がある。

1　知的障害

「知的機能の障害が発達期（おおむね18歳まで）にあらわれ、日常生活に支障が生じているため、何らかの特別の援助を必要とする状態にあるもの」と定義した。

なお、知的障害であるかどうかの判断基準は、以下によった。


次の（a）及び（b）のいずれにも該当するものを知的障害とする。

（a）「知的機能の障害」について

標準化された知能検査（ウェクスラーによるもの、ビネーによるものなど）によって測定された結果、知能指数がおおむね70までのもの。

（b）「日常生活能力」について

日常生活能力（自立機能、運動機能、意思交換、探索操作、移動、生活文化、職業等）の到達水準が総合的に同年齢の日常生活能力水準（別記1）のa、b、c、dの

いずれかに該当するもの。（※別記1省略）

2 知的障害の程度

以下のものを、基準として用いた。

＊知能水準がⅠ～Ⅳのいずれに該当するかを判断するとともに、日常生活能力水準がa～dのいずれに該当するかを判断して、程度別判定を行うものとする。その仕組みは図1（59ページ）のとおりである。

3 保健面・行動面について

保健面・行動面について「保健面・行動面の判断」（図2・59ページ）によって、それぞれの程度を判定し、程度判定に付記するものとした。

※（厚生労働省公式サイトより引用）

図1●程度別判定の導き方

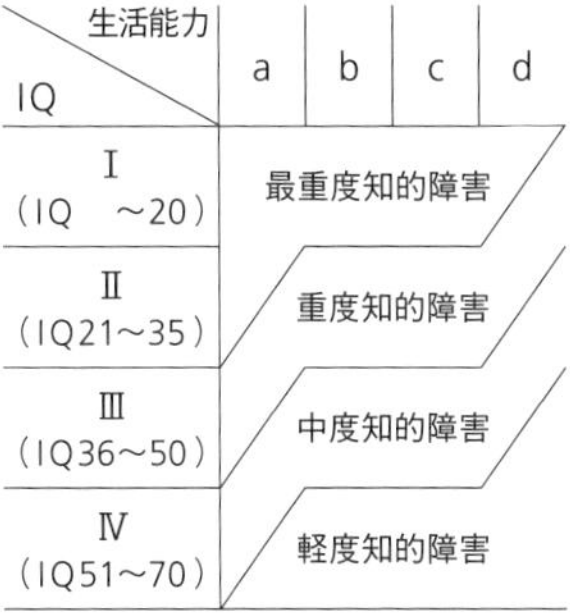

IQ ＼ 生活能力	a	b	c	d
Ⅰ（IQ　～20）	最重度知的障害			
Ⅱ（IQ21～35）	重度知的障害			
Ⅲ（IQ36～50）	中度知的障害			
Ⅳ（IQ51～70）	軽度知的障害			

＊知能水準の区分
Ⅰ…おおむね 20以下
Ⅱ…おおむね 21～35
Ⅲ…おおむね 36～50
Ⅳ…おおむね 51～70

＊身体障害者福祉法に基づく障害等級が1級、2級又は3級に該当する場合は、一次判定を次のとおりに修正する。
最重度→最重度
重度→最重度
中度→重度

※程度判定においては日常生活能力の程度が優先される。例えば知能水準が「Ⅰ（IQ ～20）」であっても、日常能力水準が「d」の場合の障害の程度は「重度」となる。

図2●保健面・行動面の判断

領域＼程度	1度	2度	3度	4度	5度
保健面	身体的健康に厳重な看護が必要。生命維持の危険が常にある	身体的健康に常に注意、看護が必要。発作頻発傾向	発作が時々あり、あるいは周期的に変調がある等のため一時的又は時々看護の必要がある	服薬等に対する配慮程度	特に配慮は必要ない
行動面	行動上の障害が顕著で、常時付添い注意が必要	行動上の障害があり、常時注意が必要	行動面での問題に対し注意したり、時々指導したりすることが必要	行動面での問題に多少注意する程度	特に配慮は必要ない

（注）行動上の障害とは、多動、自分を傷つける、物をこわす、拒食の問題等、本人が安定した生活を続けることを困難にしている行動をさします。

日本理化学工業でも社員の状況を把握するため、障がいの症状やＩＱ（知能検査などの発達検査の結果でわかる知能指数のこと）のカテゴリーなどを認知し、配置の目安にすることもある。しかし、それは働くことを妨害するハードルにはなり得ない。

「１９６０（昭和35）年から知的障がい者雇用に取り組んできた我が社だからこそ、声を大きくして言えることがあります。それは、彼らが持っている研ぎ澄まされた能力が会社を支えている、という事実です。ムラなく継続する集中力、微細な傷や歪みや気泡を見つける注意力、異物や異変を見つける特別な察知力が商品の品質を支えています。経営する私たちは、彼らが自らの持つ能力を発揮できる仕組みや方法を見つけ、作業や工程を合わせていっただけなのです」

本田さんの作るキットパスは、国内だけでなく欧米でも販売されている。

私は本田さんに話し掛けた。

「素晴らしい活躍ですね。毎日、遣り甲斐があるでしょうね」

やはり、言葉は返ってこない。表情も変わらない。だが、本田さんが小さく頷くのが見え、彼の胸に兆している積極的な気持ちをはっきりと知ることができた。

キットパスの製作室を出た隆久さんは、階段を１階へと降りながら私にこう告げた。

「知的障がい者がチョークやキットパスを作り、この会社を支えています。こうした会社でも安定した経営を実現し、彼らが社会と人々に貢献できるのだと証明していく責任が、私にはあります。もちろん、盤石（ばんじゃく）ではありませんが、経営の安定をもっともっと目指していきたいのです」

　チョーク製造という仕事が、成長産業である時代は過ぎた。それでも、隆久さんは事業の安定・拡大を目指す。

「障がい者雇用を継続するためですか」

　そう問うた私に、４代目社長は大きく首を横に振った。

「いいえ、それだけではありません。感謝の気持ちです。私を始め、健常者の社員全員が、障がいを持つ仲間に働く幸せを教えられています。彼らは、私たちの築いた工程に従って仕事をしているだけではありません。使命感を持って一心不乱に作業し、会社のために役に立ちたいと渾身（こんしん）で思ってくれています。一瞬一瞬、仕事をする喜びを全身に湛え、それを職場に振りまいてくれるんですよ。その姿を見ているだけで、自然と笑顔が浮かんできます。生きていること、働けること、その喜びを、私は毎日彼らから教わっているんです」

　知恵遅れ、精神薄弱者、白痴（はくち）、キチガイ。耳を塞（ふさ）ぎたくなるような言葉で知的障がい者が蔑（さげす）まれた長き時代、日本理化学工業は彼らの正規雇用に踏み切った。以後、彼らこそが事業の主軸となる従事者となり、現在まで会社とともにある。

その事実だけでも奇跡と謳いたくなるのだが、日本理化学工業の真価はその先にある。障がいがある彼らこそが、働く幸せを自他に与えているという事実。

「人の幸せは、働くことによって手に入れることができる。それは、健常者でも知的障がい者でも、少しの差異もない」

この信念を持ち、知的障がい者雇用の道を切り開いてきたのは、社長・隆久さんの父親であり、現会長の大山泰弘さんである。

「父のこうした取り組みに疑問を感じ、反発した時期もありました。資本主義社会にあって、市場拡大や利益追求を見据えたとき、知的障がい者雇用にこだわることが最大のマイナスだと思ったこともありました。今は、一時期でもそう思った自分を恥じていま す。あの頃の浅はかな自分が、恥ずかしくて仕方ありません」

清々しいその声を耳にしながら、「日本でいちばん大切にしたい会社」と呼ばれる日本理化学工業の来し方行く末を記すことの意味を、私は思っていた。

日本理化学工業のホームページには、「ビジョン／目標」として次のような言葉が記されている。

《日本一強く、優しい会社を目指す。
経営的にも強く、精神的にも強く、人に優しく接することができ、人と環境に優しい商品を作り続ける。》

また、工場の敷地内には彫刻家・松阪節三（まつざかせつぞう）が日本理化学工業に寄贈した彫像「働く幸せの像」がある。その台には、大山会長の言葉が刻まれている。

《働く幸せ
導師は人間の究極の幸せは、人に愛されること、人にほめられること、人の役に立つこと、人から必要とされること、の四つと云われた。
働くことによって愛以外の三つの幸せは得られるのだ。
私はその愛までも得られると思う。
日本理化学工業株式会社
社長　大山 泰弘　平成10年5月》

大山会長、そして大山社長へと受け継がれた経営の理念、チョーク産業を担う従業員たちのそれぞれの人生。その一端を取材し執筆する機会に巡り合った私は、第一歩として会社のエースである本田さんとその家族に向き合いたいと願っていた。日本理化学工業が辿った道程を詳しく知ることと同じように、作業場で出会った輝く瞳を持った青年の生い立ち、その思いに触れたかった。

前例がない家族への取材が叶うのか。無理なら速やかに撤回しようと思っていた申し出に、隆久さんはこう答えた。

「ご家族への取材は、これまで試みたことがありません。それぞれのお考えがあり、それぞれの立場もあります。けれど、小松さんの取材の意図もわかります。本田君のご家族に連絡してみましょう。私からも取材を受けてくれるよう、話してみます」

隆久さんは、日本理化学工業で働く本田さんの家族への取材の機会を、間もなく作ってくれたのである。

障がいを持ちながら働く彼らの来し方と、ともにある家族の思いを聞く。そのことで、日本理化学工業がどれほど特別であるかを、どれほど異質であり、また素晴らしいかを、私は思い知るのである。

第2章

障がい者を持つ家族の思い

仕事を持って生きる　本田真士さんと母の物語

「日本理化学工業に勤めることができて本当に感謝しています」

日本理化学工業の会議室に訪れた本田真士さんの母、裕子さんは、私の名刺を丁寧に両手で受け取ると、開口一番こう言った。

「本田さんは、日本理化学工業のエースだと、大山社長に伺いました。皆さんがとても頼りにしている存在だ、と」

私がそう告げると、裕子さんは微笑んだ。

「皆さんに助けていただいて今の真士があると思います。仕事に責任を持って、また作ることの喜びを感じて、日々を送れること、親としてこれ以上の幸せはありません」

本田真士さんは１９７８（昭和53）年、本田家の長男として生まれた。２歳になると言葉が遅いという症状が見受けられ、度重なる診察の結果、医師からは「自閉症的傾向」と診断されるのである。

裕子さんの回想は、真士さん誕生の頃にまでさかのぼる。

「真士は初めての子だったので、私にとっても初めての子育てです。１歳になっても言葉が出ず、２歳になってもなかなか話さず、心配もしましたが、周囲からは『男の子は言葉が遅いよ、心配しないで』と言われていました。障がいを持っているなどとは、考えてもいませんでした」

ところが、３歳児健診の際、保健所から「幼児相談室に行ったらいかがですか」と促されたという。そこで、当時住んでいた東京都東村山市の幼児相談室に通うことになる。

「その相談室で症状を話し、医師の診察を受けることになりました。先生からは『この子は、単に言葉が遅いのではないと思います。何らかの障がいの可能性があります』と告げられたのです」

それまで、障がいという言葉を一度も思い浮かべたことのなかった裕子さんは、ただ衝撃を受けていた。

それでも、幼い我が子を見守る家族には楽観的な思いがあった。

「主人は、少しぐらい発達が遅れていても、成長していけば他の子に追いつくだろう、と言っていました。深刻に考えすぎないように、と。たしかに、真士を育てている私や夫が、子どもの将来を悲観してばかりでは良くないとも考えていたのです」

けれど、病院で本格的な検査を受けたことで、そうした楽観が何の意味も持たないと知ることになる。

「病院に行っていろいろ検査をしていくと、他の子どもとは違うことがわかっていきました。知的障がいがあることが判明していったのです。医師からは、『小さいうちは普通の子とあまり変わりないけれど、この子の成長は、横ばいにしかならない。普通の成長はできませんよ』と、宣告されてしまいました」

原因を探るためいくつもの検査に臨んだ。先天的なアミノ酸代謝異常ではないか、あるいは染色体異常ではないかなど、さまざまな検査をしたが、はっきりとした原因はわからない。下されたのは「自閉症的傾向である」ということだった。

「受けうるすべての検査をして調べたのですけれど、結局はよくわからなくて。普通の成長はできないと言った先生も、結局は『おたくのお子さんは、まあ自閉症的傾向でしょうかね』というような曖昧な診断しかしてくれませんでした」

自閉症的傾向といえば、一般的な自閉症より軽度なイメージもある。腕に抱く幼い我が子は言葉が遅く表情が乏しいだけで、身体的な障がいがあるわけではない。しかし、成長の過程で自閉症の症状が顕著になるかもしれない。そうなれば、社会に出ることができないかもしれない。第一、自閉症・自閉症的傾向とは一体どのような症状なのか、障がいなのか、その本質を理解し摑（つか）みきれない。

母の不安はどこまでも膨張した。

1年1年歳を重ねていく真士さんの症状を最も身近で感じていた裕子さんは、医師の診断が杞憂（きゆう）であってほしいと願いながら、やり場のない不安を禁じ得なかったと話す。

「私はもう毎日泣いていました。『なぜ、私の子どもが？』『どうして真士がこんな病気に？』と、そればかりを繰り返していました。無事に五体満足で生まれたので、五体満足に育つと思っていたのです。それが、保育園に入る頃には、自閉症的傾向があると聞かされて、私はただ自分を責めました。お産までに何か悪いことをしたのではないか、さらには、生まれた後の育て方が悪かったのかなと、思いを巡らせていました」

昭和の時代、自閉症への情報も正しい知識も少なく、当事者も周囲も理解することはままならなかった。驚くべきことに、「親の育て方に原因がある」という誤った情報が流布（るふ）してもいた。

うずまく焦燥感と我が子の行く末への憂い。子どもの成長こそ楽しみな若い母親であった裕子さんは、そうしても事態は何も変わらないとわかっていながら、毎晩自分を責め続けた。

その気持ちはどのように収束していったのだろうか。それは、裕子さんに訪れたある転機だった。

「幼児相談室を訪れ、一対一で先生と話しているときは、やはり自分を責め続けてしまっていたのですが、同じ障がいがある子どものお母さんたちが作るグループを紹介され、参加してから考え方が変わっていきました」

その母親たちこそ、裕子さんの最大の理解者だった。

「お母さん方と話す時間が増えれば増えるほど、平静さを取り戻すことができました」

同じ症状の子どもを持った母親たちとの会話は、「ああ、苦しく不安なのは私だけじゃないんだ」という安堵を与えてくれた。

「周りのお母さんたちは、意外と皆明るいんです。それがまず何よりの救いでした。さらに、情報交換するなかで、育て方が原因ではない、と理解できるようになっていきました。『真士の自閉症的傾向は私の育て方の責任ではないのだな』と思えたときに、ずいぶん気持ちが楽になりましたね」

同じ境遇の母親たちとは、誰にも言えない不安や愚痴を語り合った。

「そうした時間こそとても大切でした。そこで培ったお母さんたちとの信頼関係は、私が真士を育てるための力になりました」

東村山の幼児相談室から紹介され、1年通った療育センターでは、講師による真士さんのための会話レッスンもあった。単語を覚え、声を発する息子を、裕子さんは目を細めて見つめた。そこには新たな出会いもあった。

「自閉症だけではない症状の障がい者とそのご家族にも知り合いました。真士のような幼児だけではなく、成人の障がい者の方もいて、そうした方々とも語り合えました。私にとってそれこそが大きな経験でした」

真士さんは小学校に上がる前の1年間、都立の保育園に所属した。

「お昼寝ができなくて苦痛だったようで、不安でトイレが近くなってしまったのです。それで、お昼寝の前に迎えに行き、家に連れて帰りました。昼間に帰るのは真士だけですから、なかなか普通のお母さんたちと交流することはできませんでした。しかし、幼児相談室を通して出会った同じ環境のお母さんたちとの交流は、真士が小学校に入学するまで続きました」

人と人との繋(つな)がりにより、共感とさまざまな情報を得たことで、裕子さんは自閉症的傾向を持つ息子の成長と正面から向き合えるようになっていったのである。

障がい者とその家族。そうした人たちの人生が、そこにはあった。それはまさに、本田さん家族の姿だった。

そうした人たちと知り合い話すことで、真士さんにこの先どのようなことが起こっていくのか、どんな困難が立ちはだかるのか、裕子さんは知ることができたのである。

けれど、成長とともに、裕子さんと真士さんが直面する試練はその回数を増やしていくのも事実だった。

小学生になると真士さんは転校を経験する。

「主人が転勤の多い仕事に就いているため、引っ越しを余儀なくされました。真士は東村山市の小学校に入学し、2年生のときに静岡県浜松市に転居することとなったのです」

その後二度の転校を繰り返した。自閉症的傾向がある真士さんにとって、転校の繰り返しはかなりの負担になったのではないだろうか。裕子さんに聞くと、当時をこう振り返った。

「小学校時代に三度も転校するのは、真士自身にとっても大変な経験だったと思います。転校の度に、真士が自閉症的傾向にあることをご近所や先生や同級生に理解してもらわなければなりません」

特殊学級に入ることで特別視は免れない。親切な人もいたが、自閉症を理解できず、真士さんをからかったり怖がったりする人たちも少なくなかった。

「どこへ転校しても、困難はありました。しかし、私は一人ではありませんでした。転居先でも特殊学級の保護者の皆さんと交流し、お互いに励まし合い、情報交換を怠りませんでした。東村山での経験を活かすことができたのです」

小学校の特殊学級はすべての学校に備わっているわけではない。転居先によっては学区内に特殊学級がないこともあった。

「普通の子は引っ越し先が決まったら、学区はここですよ、この小学校へ通いなさい、と簡単に転校の手続きが終わるのですけれど、真士の場合はそうはいかないこともありました。特に地方だと引っ越し先の学校に特殊学級がないこともあり、『特殊学級のある学校はちょっと遠いですよ』と言われ、学区外の小学校へ通わなければなりませんでした」

最初の転校先である浜松では、子どもの足で1時間かけて通った。

「通学路を覚えるために真士と学校までの道を歩くのです。裏道で、いちばん近いルートはどこだろう、と地図を見ながら通学路を確認し、同時に危険な場所を探して、近寄らないようにと注意しました」

一人で学校に通わせるようになっても心配で、裕子さんがこっそり真士さんの後をついて行くこともあった。

「自閉症にもいろいろあって、パニックを起こす子もいるのですが、真士はそういうのは全然なかったのです。引っ越しの度にいろいろな学校に行きましたが、それぞれの環境に思いの外、順応してくれました」

本田さん一家は、真士さんを長男に、次男、三男をもうけ5人家族になっていた。

「よく、障がいを持った長男を筆頭に、3人もの男の子を育てるのは、さぞかし苦労がおありでしょう、と言われるのですが、私自身はそう感じていませんでした。真士は口数は少ないですが、わりと下の子の面倒を見てくれましたし、家でも私のすることをよく見ていて、小さい頃から家事を手伝ってくれたのです」

弟たちの面倒をよく見る、いいお兄ちゃん。一つのことに向き合う集中力と、新しいことに取り組む好奇心は、その頃から見受けられたと裕子さんは話す。

「すぐ下の弟とは2歳違いなのですが、その子がライバルみたいなところがあったのです。その子は健常者ですから、弟が高校に行くと『僕は高校には行けないの？』と言いますし、大学に行ったら『僕は大学へ進めないの？』と言います。弟ができることは自分にもできる、という意識もあり、弟とは良い意味で競い合っていました。もちろん、弟と同じような進路は叶わないのですが、競い合うなかで向上心や諦めない心も培えたのだと思います」

自閉症的傾向の真士さんは、外では会話もあまりせず、ほとんど感情を表に出すことがなかったが、家の中では違った。

「弟に対しては自分の気持ちをぶつけていました。よくけんかをしていましたね。悔しいと言ってけんかをして、最終的には弟に気劣ったりするのですけれど、その繰り返しになるようなことがありました」

健常者である弟は、幼いながらも真士さんを受け止めた。

「だんだん大きくなっていく過程で、お兄ちゃんの状況がわかってくる。普通のきょうだい関係とは違うことを、小学生の頃には理解してくれていました」

きょうだいがいたことで真士さんが得た競争心やコミュニケーションの機会。裕子さんを気遣い家の手伝いをする真士さん、自閉症的傾向にある兄を思う次男。

「兄としての意識を持つ真士と、兄を思う次男。その姿に安堵していました。きょうだいがいて良かった、と思っていました」

そこには、ある理由があった。

「じつは、最後に生まれた三男は、真士よりさらに重度の障がいを持っていました。次男とは4歳違い、真士とは6歳離れているのですが、この子にはなかったパニックがあり、私は三男に付きっきりにならざるを得なくなります」

三男には顕著な自閉症の症状が現れていた。

「実際、頻繁にパニックへの対応に追われることになりました」

自閉症児のパニックとはいかなるものなのか。当然、健常者が緊急事態に慌てふためいたり、我を忘れたりするパニックとは異質なものだ。裕子さんの説明はこうだ。

「突然に癇癪を起こし、奇声を発したり、泣き出したり、暴れたりすることがあります。走り回ったり、叫び続けたり、激しく興奮して物を投げつけたり、怒りを露わにしたりするなど、爆発してしまうのです。それらを『パニック』と呼んでいます」

パニックを誘引する原因は、不快な音、感覚、目障りな物や人が見えるなどの場合、自分の今ある状況が理解できない、スケジュールが急に変更になるなど強い不安や戸惑いが引き起こった場合、また、自分の思いが伝えられない、会話が理解できないなどコミュニケーションに障がいが起こった場合がある。

裕子さんは三男のパニックに向き合いながら、真士さんの症状が軽度であることを認知していった。

「私がパニックを知ったのも三男が生まれてからです。サークルのお母さんから、『真士君はパニックを起こす?』と聞かれたときには、実際パニックという症状を知らなくて、『パニックって何だろう?』と思っていたほどでした。三男を育てながら、『これがパニックだ』と知ることになり、真士の症状は本当に軽いものだったのだ、と理解できたのです」

三男からは片時も目を離せなかったが、真士さんは一人で行動することもできた。

「真士には親が付かず、一人で行動させることも多かったです。たとえば、通学も歯医者さんへも一人で行かせていましたね。ちゃんと準備をすれば、真士は一人でできました」

小学校は転校を繰り返した真士さんだったが、中学校からは、ご主人が単身赴任をすることで埼玉県熊谷市の同じ学校に3年間、通うことができた。

「中学校を卒業すると、主人の転勤地だった川崎に移り住み、小学校時代の先輩たちが通っていた養護学校の高等部に入ることになりました。先輩もいるその学校で、真士はのびのびと勉強をしました。運動をしたり、技術訓練のために実習をしたり。私たち親も先生と面談を重ね、進路の相談もしていきました」

真士さんは、この養護学校の訓練生として日本理化学工業に入ることになる。裕子さんは、日本理化学工業への就職こそが息子の人生を輝かせたと語る。

「この会社に巡り合えたことは、真士にとって最高の幸せだと思っているのです」

真士さんが成長していくなかで、最も大きな難関は就職だと両親は案じていた。

「受け答えが流暢でなく言葉が不明瞭な部分があるものですから、人との会話がとても苦手なのですね。そういうところがあって、進路を決めるときに、人数が多い企業はちょっと無理かなと思っていました」

就職に向けてさまざまなチャレンジをしてきた真士さんには、苦い経験があった。

「配送関係の会社で実習をさせてもらったのですけれど、なかなか意思疎通ができず、一般の企業ではちょっと難しいかな、という気持ちでいました」

就職し、仕事を継続できるか否か。そのことが真士さんの進むべき人生の道を決めてしまう。裕子さんは悩みながら、真士さんの持つ力を活かせることができないかと思い続けた。

「企業は無理かもしれないと、単純作業をする作業所で実習をしたこともあります」

2週間ほどの実習を終えると、その作業所の責任者が裕子さんに思いもよらないことを言った。

「職場の責任者と最後に面談をしたのですが、責任者の方が『真士さんはここではもったいないですね』と言ってくれたのです。真士さんならもっと違う仕事ができると思いますよ、と告げられ、だったらもう少しいろいろな職種を試させてもいいのかな、と思いました」

選択肢の一つに能力開発センターがあがった。

「能力開発センターは、２年間、宿舎での生活が必要でした。実際に行って見学させてもらったのですが、そこでの訓練内容は機械の操作などが主でした。働く意欲が旺盛な真士を見て、他にも選択肢を広げようと情報を集めました」

ちょうどそのとき、日本理化学工業が実習生を受け入れていると聞いたのだった。

裕子さんは、すぐに「ぜひ実習を受けさせてほしい」と申請をした。

「以前から、日本理化学工業のことは知っていました。養護学校の高等部に入ってすぐの頃、川崎市高津区にある『障害者生活支援センターわかたけ』へ見学に行ったことがあったのですが、そこで日本理化学工業が話題になっていました。長年、障がい者を受け入れている会社だ、と」

真士さんと両親は、日本理化学工業へ見学に訪れた。

「主人も仕事が休みだったので、真士と一緒にチョークの製造ラインを見学させていただきました。皆さんが本当にいきいきと働いているその職場に感激しましたが、本格的な製造作業に尻込みもしました。真士とも『こういうところで働くのは、まだ難しいよね』と話していました。まさかそこに入社できるとは、真士も私たちも思っていませんでした」

1998（平成10）年の4月、真士さんは日本理化学工業の訓練生となった。訓練生としての受け入れが認められたとき、裕子さんは「良い経験になるはず」と考えていた。

「はじめは、ここでの訓練を他の企業への就職に活かす、というお話でした。見学で訪れた工場で仕事をすれば自信にもなるだろうと。私も嬉しかったです」

訓練生になったばかりの真士さんは、寡黙だった。

「自分から仕事の詳細を話すことはなかったです。聞けば何かしら答えてはくれるのですけれど、真士から細かい話はしてきませんでした。新しい職場で緊張感もあったのでしょう。ただやはり、働いてお給料をもらえるというのが、本人もすごく嬉しかったみたいです。頑張った分、自分に返ってくるということを実感したのでしょう。お給料日は誇らしげにしていました」

そして同年の11月に、数人の雇用を決めていた日本理化学工業は、真士さんを社員として正式に迎え入れることになる。

採用するに当たって、日本理化学工業には四つの条件がある。

1、食事や排泄を含め、自分のことは自分でできること
2、簡単でもいいから意思表示ができること
3、一所懸命に仕事をすること
4、まわりに迷惑をかけないこと

この条件を真士さんは難なくクリアしていた。自閉症傾向であることには変わりはなかったが、障がいは軽度で、むしろ集中力や厳密さには際立った感覚を発揮していった。

「親ばかですけれども、真士も頑張っていたので、会社がそれを認めてくださって感謝しています」

職業を持ち社会人として生きてほしいと息子を支えた両親、そして、懸命に働き糧を得たいと願った真士さん。そうした思いが実を結び、正社員への道が開けたのである。

「成長とともに症状が消えてくれれば、と現実から逃げていた時代が今は遠く思えます。

真士は自閉症的傾向という障がいとともに生きていかなければならない。その子に、職場を与えてくれた。それだけでなく真士は、より良い製品を作るという生き甲斐を得ました。本当に嬉しく、ありがたく思っています」

仕事を通して芽生えた責任と使命

入社後、真士さんはいろいろな訓練を受け、まず製造したチョークの箱詰めという作業に就いた。決められた工程を、迅速に丁寧に行わなければならない。真士さんはそこで無難に作業を覚えていった。

続いて、社が請け負ったチョーク以外の事業にも真面目に取り組み、やがて会社の主要事業となるキットパスの製造が開始されると、その担当に抜擢され成形をするようになった。

当時、キットパスはまだ完成したばかりで品質改善のための試行錯誤も繰り返されており、そうした新規事業に抜擢されたことへの責任感を真士さんは感じ取っていた。

主力商品であるダストレスチョークにはすでに定まった工程があり手順があるが、真士さんの担当するキットパスは、その過程を模索することが重要な仕事だった。どう作るのか、どうすれば良い製品になるのか。彼の試行錯誤による作業が、キットパス完成には不可欠だった。

日本理化学工業では働く意欲の向上のために、皆勤賞や敢闘賞など、さまざまな賞を授与している。さらに1年間を通して特に頑張った者に「年間MVP社員賞」を授与し、年末に行われる社を挙げての忘年会で表彰している。

真士さんは、さまざまな賞を受けており、年間MVP社員として表彰されたこともある。

作り方を見て、覚え、考えて工夫し、丁寧に完璧に作る。何時間でも集中力を切らしたことがない。真士さんにはそういう気質、素養があった。

日本理化学工業を訪れる度に、息子が懸命に働いていることを聞かされた裕子さんは、安堵し、息子が自らの人生に価値や意義を見出し胸に秘めて働いていることを喜んだ。

「会長さんや社長さんとお話する機会があると、とにかく、本当に会社で頑張っているとおっしゃるのです。『本田君がいてくれないと、うちの会社はやっていけません』というふうに言ってくださるのです」

その喜びを、裕子さんも胸に秘めている。

「本当にここまでできるとは、親である私もびっくりしています。毎年家族も忘年会に参加させてもらえるのですが、いろいろな表彰があるのです。真士が表彰してもらうと、『ああ、そこまで頑張っているのか』と。過去の苦しさはすっかり報われました」

仕事で経験を重ねていくと、リーダーとしての自覚も目に見えて表れていった。

裕子さんも息子の変化には目を見張った。

「以前、とても早く出かけることがあって『どうしてこんなに早く行くの？』と聞いたことがあるのです。『今は忙しい時期だから早く行くんだ』と言っていました。仕事への責任感を言葉にする真士の姿が嬉しかったです」

時間の感覚や約束を守る感覚に苦労した時代もあった。自閉症的傾向により仕方ないと諦めていた生活時間の遵守は、渾身で取り組める仕事を手に入れたことでなされたのである。

裕子さんがキットパスの製造見学に訪れた際のことだ。働く真士さんが裕子さんに唐突に声を掛けた。その言葉が、今も心で響いている。

「キットパスを作っていた真士が、ふと顔を上げ、私にこう言ったのです。『お母さんの好きな緑だね』と。手には、成形したばかりの鮮やかな緑色のキットパスがありました。私は緑が好きで、何度か真士の前で話したことがあるかもしれません。それを覚えていてくれたばかりか、自らが作る大切なキットパスを見ながら、そう声を発してくれた。それ以上の会話はありませんでしたが、真士の思いやりを感じ、胸がいっぱいになりました」

仕事にも慣れ、会社でも人間関係を築いた真士さんは、自宅を離れ寮生活を始めた。
「会社から近い寮での暮らしを本人も望みました。会社の皆さんからも、真士君なら大丈夫でしょう、と背中を押してもらいました。自分のペースを作り、きちんと生活している様子には言葉にならない感激がありました。現在は週末には家に戻ってきますが、月曜日の朝は早々に起きてそのまま会社へ向かいます」

社長の隆久さんは、真士さんのプライドを尊重している。
「本田君には『これは僕の仕事だ』というプライドがある。だからこそ、今は自分の仕事に集中するだけでなく、若い人たちに仕事を教え、育てることへも意識が向いています」

障がいのある若い社員たちからは、本田さんのようになりたい、という声が聞こえてくるという。

「旅行にもどんどん参加していますね。社内に親しい仲間がいて、声を掛け合い、休日にも出かけたりしているようです。健常者の社員が本田君から誘ってもらい、一緒に出かけることもあるみたいですよ」

隆久さんの証言に、母の裕子さんは感慨深げだ。

「人付き合いが苦手で、小・中学校時代は特別支援学級だったこともあり、放課後や休日に遊ぶ友達はいませんでした。学校が終わると家に戻り、自分の部屋で一人で過ごして好きなゲームなどをやっていたと思います。今はそんな真士に仲間がいる。やはり、この会社に入れていただいて、この仕事に巡り合えて、真士は変わったのだと思います」

三男の付き添いなどに追われる裕子さんは、真士さんの自立に安堵し、また助けられていると感じている。

「私自身、同じ障がいを持つ子どものお母さんたちと巡り合うまでは、『こういう子どもを授かったからには一生親が世話をしなければならない』と思っていました。真面目に真士より先には死ねない、と思う日々を過ごしていたんです。しかし、障がい児とその家族と語り合い、養護学校の先生方からの指導で知ったのは、『社会のお世話になる』ということでした。『親が一生』でなくていいのだということが、少しわかってきたのです」

裕子さんはこう続けた。

「もちろん、親はできる限り、命の限り、面倒を見なければいけません。自分の子どもですからそれは当然です。けれども、やがて老人になり、働くことができなくなり、亡くなっていくときには、それはもう社会のお世話になっていいのではないかなと。そうでないと、障がいを持った子どもの親は安心して死ねないですよね。確実に親が先に逝くわけですから」

先に逝く日を恐れていた裕子さんは、日本という社会に希望を持ったという。

「私の息子を、関わった方々が自分のことのように考え、導いてくれましたから」

そして、日本理化学工業という会社との出合いがある。そこで仕事をしていくなかで、息子は他に誇れる勤勉な働く若者へと成長していった。

「真士が、会社の役に立っている。皆に褒めていただける。働く喜びに満ちている。これ以上の幸福はありません。今の真士なら私は安心して逝けるかな、と思うのです」

大山会長、そして大山社長が一貫して取り組んだ社員の「適材適所」が、こうして結実したのである。

厚生労働省は、障がい者福祉について「障害のある人も普通に暮らし、地域の一員としてともに生きる社会作りを目指して、障害者福祉サービスをはじめとする障害保健福祉施策を推進します。また、障害者制度の改革にも取り組んでいます」(厚生労働省の公式サイト「障害者福祉」のページより抜粋)と記し、2013(平成25)年4月には「地域社会における共生の実現に向けて新たな障害保健福祉施策を講ずるための関係法律の整備に関する法律」として「障害者総合支援法」を施行した。

充実した福祉社会を目指す国や地域への期待は消えることはないが、国や行政の意志とは無縁だった日本理化学工業の「知的障がい者雇用の歴史」を辿れば、民間にこそその可能性があると気持ちを強くする。

日本理化学工業には、入社から定年まで長年勤め上げることができる環境が備わっている。

真士さん、母の裕子さんにとっても、その事実こそが重要だった。

「入社して数年経ったとき、大山社長から『うちは60歳まで働くことができますよ。もし本人がご負担でなければ、その後も65歳まで勤務していただけます』とお話がありました。親にとっては、これ以上ありがたいことはありません。短期で職場を変わっていては、遣り甲斐を見出すことも難しい。何より、真士も私も、今よりもなお将来が不安なのです。社長さんの言葉で、真士は未来に向かって進めるようになったんです」

労働力として認められ報酬を得る。その社会の仕組みのなかで、真士さんは生きている。

健常者は、障がい者という言葉を安易に使ってしまう。しかし、日本理化学工業を訪ねて社員の方々に会うと、一人一人の個性、その人生に触れ、障がい者などとひとくくりにすることがどれほど危ういことかという思いに至る。

真士さんもこの会社で新たなことを学び、新しい製品を作り上げ、チャレンジをして、社員としての役割を全うしている。法律で雇用が義務化された障がい者の一人ではあり得ない。

障がい者が最前線で働き、戦力になる会社。それこそが日本理化学工業が特別であることの証明だ。

「障がいがある者だからできないのではなくて、障がいがあってもできる仕組み、作業を会社が考えてくださったのです」

そう語った裕子さんは、真士さんが養護学校時代に抱いていた不安の記憶を喚起(かんき)する。

「養護学校に通いながらも、本当にしっかりしていて『どこに障がいがあるの？』と思えるようなお子さんが、障がい者枠で普通の企業に就職しますよね。ところが、会社はすごくいいのだけれど、仕事も人間関係も障がい者という枠に封じ込められてしまい、挫折し、退社したという話をたくさん聞いていたのです。力を持っているのに、可能性を秘めているのに、それを活かせる環境も導く人もいなければ、どんなに看板の大きな企業でも遣り甲斐を見出すことができないでしょう。真士は本当にいいところで働かせてもらっている、本当に良かったと、繰り返し思うのです。やはり障がい者であるからと、諦めたら駄目なのですよね。親も本当に勉強になります」

本田家の家族の絆

真士さんの様子を詳らか（つまび）にしてくれた裕子さんに感謝を告げた私には、もう一つ尋ねたいと思うことがあった。それは父親の思いと健常者である次男についてのことだった。

裕子さんの夫であり真士さんの父親は、どう思っていたのだろうか。

「主人は転勤もあり、特に子どもが小さい頃は、一緒に過ごす時間も短かったんです。

土日を休むことがない仕事なので、子育てはほとんど私一人で行っていました。真士の幼稚園や小学校の行事、日曜参観なども、主人に休んで行ってもらったことはありません。私が下の子をおんぶして、真ん中の子の手を引いて連れていくと、周りのお母さんたちが面倒を見てくれたりしました」

裕子さんの夫はとにかく働いた。

「主人が働くことで家族は暮らし、それぞれに道を見出していきました。主人は絶望など、一度も言葉にしたことがありませんでした。転勤も休日の仕事も、普通のこととしていましたね」

その父の背中を、きょうだいは見て育った。

「最近主人とこんな話をします。お兄ちゃんも下の子も普通の子だったら、お父さんもお母さんも忙しく働いていて、逆に家族がバラバラだったかもしれないね。障がいを持った子どもがいたことで、家族がいつも一つになれたのかもしれないね、と」

毎年行われている会社の忘年会にも参加したことがなかった真士さんの父親は、数年前、真士さんがMVP社員の表彰を受けた会に駆けつけることができた。

「社長さんからもお褒めの言葉をいただき、主人も安堵していました。そして、『ああ、本当にいい会だね。来年もまた参加させてもらおう』と言っていました」

言葉には出さなくても心で思い、通じ合うことができる。本田家には何ものにも代えがたい家族の絆がある。

続いて両親とは別の感情、苦労があるはずの次男の思いについて、私は率直に聞いた。

「2番目の息子さんは、自分の境遇や立場をどう思っていますか。それをご両親と話しますか」

裕子さんは躊躇せず答えてくれた。

「障がいのある兄と弟を持ったことについて、次男は何も言わないです。きょうだいのこと、転校のことでいじめられたこともなく、次男は健やかに育ってくれました。ただ、彼が高校1年生の頃、私の母、つまり彼の祖母にはこう告げていたそうです。『おばあちゃん、お兄ちゃんはわりとしっかりしているからいいけど、弟のほうは、僕が面倒を見なきゃいけないよね』と」

裕子さんは次男の言葉に、感謝と同時に申し訳ない気持ちを抱いていた。

「そういう星の下に生まれた次男には、普通なら背負わなくていい責任を背負わせてしまった。可哀想なことをしてしまったな、と思いながら、母の話を聞いていました。でも一方で、逃げられない現実を受け止めているのだなと頼もしくも感じました。自閉症的傾向の兄との日常的なきょうだいげんか、三男のパニックなど、次男には家の中で大変な思いをさせたときもあったのですけれどね。でも、そういうことの泣き言は一切、私や夫には言わないですね」

裕子さんの次男が、祖母にきょうだいへの思いを告げたのには理由があった。

「私が乳癌になり、手術を受けることになってしまって。そのとき、家で留守番を引き受けてくれた私の母に言った言葉でした」

三人の男の子を育て、二人の障がい児を持つ裕子さんの乳癌発症と手術。本田家に訪れた激動の日々。

「ちょうど真士が養護学校の高等部を卒業するときだったのですが、いちばん下の子も小学校の卒業を控えていました。下の子はたんぽぽ学級という時間がわりと早いところに通っていたのです。卒業して、真士の通っていた養護学校に中学部から行くことになるのですが、６歳違いなので、ちょうど入れ替わりだったのです」

パニックがある三男を他人に任せることはできない。

「ところが、病気が病気だったものですから、『もう早くしなきゃ駄目だ』というので、即入院です。二人の卒業式は、主人が仕事を休んで行ってくれました。私の母にも手伝いに来てもらいましたが、家事は長男と次男でうまく分担をして、お兄ちゃんが料理を作り、真ん中の子が買い物係をして、それで1カ月近くを乗り切ってくれたのです」

しかし、癌は容易には治癒しなかった。

「でも、私の癌は次の年に再発してしまい、その後も2年くらいは抗癌剤治療を続けました。その治療法が功を奏し、おかげさまで癌は消えました。今は、年に2回定期検査をするだけになりました」

障がい児の子育てと癌の治療。受け止めきれない不安が裕子さんを包んでいた。

「病気がわかったとき、その診断を受け止めることは、やはり辛かったです。すぐ『死』を想像してしまって。それが再発したときは、もう駄目かなと思いました」

抗癌剤の治療中は、髪の毛が抜け、吐き気が襲い、味覚がなくなり、食べることもままならなかった。そんななかで聞いた次男の覚悟。

「私がいなくなったら、と想像したこともあったのでしょう。幸い治療が成功して家に戻り、日常を取り戻すことができましたが、次男のなかにある気持ちは、私の大きな支えになりました」

現在の裕子さんの胸の内には、障がい児の母という悲観はない。

「男の子って優しいですよ。余計なことも言わないですしね。具合が悪ければ布団を敷いて、『寝れば』と言ってくれたりするのです。優しいですよね。真士も2番目の子も、そうです」

真士さんの料理の腕は、裕子さんの癌入院時に際立って上達した。

「難しい料理は作りませんが、焼いたり煮たり、丁寧にやります。ポテトサラダが好きで、よく自分で作っていますよ」

料理を教えたことはない。裕子さんの家事を見て覚えているという。

「真士は、私のすることをよく見ていました。私も『こうしなさい』『ああしなさい』とは言わず、真士を隣に置いていただけでした。料理だけでなく、片付けや洗い物も『手伝いなさい』と言わなくてもやってくれます。真士は手先が器用ですし、こだわりを持って取り組むので、失敗がない。『お米を研いでおいて』とか、『お風呂の掃除、まだしてないんだけど』と一言告げると、仕事で疲れているだろうに、『いいよ』と言って嫌がらずにやってくれました」

心優しい真士さん、兄と弟を思いやる次男は、裕子さんにとって叫びたいほどの自慢の息子だ。

その自慢の息子を、勤務先の社長が「我が社のエース」と呼ぶのである。

日本理化学工業の知的障がい者雇用と独自の商品製造という挑戦は、こうした幸福をいくつも紡ぎ出しているのである。

仕事を持って生きる　中村傑さんと母の物語

自社のオリジナル商品・キットパスが、経営と障がい者雇用の拡大に繋がる。そのビジョンを実現するためには、キットパスの製造から出荷までをチョークと同じように障がいがある社員に任せることができるか、否か。

社長である隆久さんにとっての最大の悩みは、社員たちの好奇心と学ぶ心、軽やかな仕事ぶりにより、安堵に変わった。本田真士さんを中心にした成形班は隆久さんの想像を越えて、素晴らしい品質のキットパスを作り上げていった。

そして、市場を獲得するために何より重要な検査班もまた、経験と類稀な集中力を発揮し、美しいキットパスを送り出すための仕事を完遂した。

その一人、中村傑（すぐる）さんは、1998（平成10）年4月1日に入社した。現在、キットパスの検査担当の班長である。

中村さんは、会社のミーティングにも積極的に参加し、経験の少ない社員に作業の指導を行う。

黙々と作業を続ける中村さんの姿は、卓越した能力を示す職人そのもので、厳めしくもある。物を作る仕事をこよなく愛していることがわかる。

中村傑さんの仕事を、笑顔で見守る社長が私に言った。

「中村君は、手先が器用で物づくりを仕事にしたかったようです。細かく地味な仕事も丹念にこなしてくれます。彼を育てたお母さんも、我が社に入って働くことを本当に喜んでくれているんですよ」

ぜひ、次は中村さんのお母さんに会って話を聞きたい、と言った私の望みはすぐに叶うことになった。数日後、中村傑さんのお母さんである典子さんは、私を文京区にある自宅に招いてくれたのである。

門を開け玄関まで続く小道には可憐な花があった。玄関のドアを開けると手作りの人形や花の飾りが壁を飾っている。

「皆、私の母が作ったものなんです。介護が必要ですが、今もこの家で一緒に暮らしています」

出迎えてくれた典子さんは、駅前で買ったたくさんのケーキを並べ、紅茶をいれてくれた。

「日本理化学工業に入れたことは、傑にも私にも、いちばんの喜びでした。そして熱中できる仕事に出合えたことに本人もとても喜んでいるようですし、大山会長と大山社長には、感謝しかありません。こんな日がずっと続いてほしいと、そう願っています」

穏やかに笑みを浮かべて話す典子さんに、私は傑さんの誕生からのことを聞いた。

「傑は長男です。4歳離れた弟がいて二人きょうだいです」

典子さんは傑さんの弟が誕生して間もなく離婚した。都内の実家へ戻り、母の手を借り働きながら二人の男の子を育てたのである。

「離婚後、養育費の仕送りはあったものの、お金をなんとか工面しながらの日々でした」

傑さんが1歳、2歳と歳を重ねていくと言葉が遅い、物事への反応が乏しいなど、他の子どもとは違うのではないかと思われることが続いた。

「傑が幼い頃には、成長すれば解決する、今あれこれ心配しても仕方がない、と考えていましたね」

しかし、幼稚園入園、小学校入学を経る頃になると、知的障がいが明確になる。

「育児の過程で息子の障がいを知ったときの衝撃、悲しみは、それは大きなものでした。けれど、育児は毎日続いています。ショックを受けても立ち止まることはできない。

『この子の人生のためになんとかしなくては』という気持ちがいつもありました」

それは母としての決意だった。

「知的障がいを持って生きる。傑がもたらした現実は想像を絶することでした。けれど、なんとか気持ちを奮い立たせ、どうしたらいいだろうか、と考えることで心を切り替えたのです。毎日、毎月、毎年、その時々で、どうすればいいんだろうと考えていました」

その声には、懐かしさが滲んでいた。

今ある現状を受け止めながら、息子の可能性を前向きに捉え、進んでいった日々は考えることの連続だったという。

「ああした子だから、普通のお母さんとは違っていたと思います。普通なら、成長とともに進路や人生の目的を子どもに選択させることもできます。しかし、うちはそれができない。だから、常に『さあどうしよう、どんな道があるだろう』と考えていたんですよ」

傑さんの知的障がいが明らかになったのは、小学校の入学後だった。

「傑は、生まれて1歳半ぐらいまで歩かなかったんです。おむつが取れるのもすごく遅くて、言葉も遅かった。2歳、3歳になってもあまり話さず、すべてが普通の子どもと比べて遅い、遅い、と思っていました。心配でしたから、あちこち病院へも連れていったのですが、その度に『遅いだけで大丈夫でしょう、心配ないです』と、そう言われたのです」

身体的な病変はない。典子さんは、息子にある障がいを心の内で認めながら、その可能性も信じていた。

「小学校入学時も、事前面接で一度は引っかかったのですが、再面接では『大丈夫でしょう』と言われ、特殊学級でなく普通学級に通うことができました」

やがて個性も表れ、母子は家族としての時間を紡いでいった。

「傑は自分から饒舌に話すことはなかったですが、笑わせれば笑うし、怒らせれば怒るしと、感情の起伏もあって、会話も増えていきました。知能の発達は遅かったのですけれど、自閉症の方とは違っていました。私たちとは楽しく暮らしていましたよ」

中学校までは健常者と同じ普通校に通っていた。しかし、典子さんの悩みは深かった。

「中学校に入学する頃になると、もう完全に他の子より遅れていることが明白でした。勉強はついていけないし、学級生活のなかでも、できることとできないことがありました。中学では、特殊学級を考えた時期もありましたが、傑のためにはたくさんの経験もさせてやりたかった」

典子さんは、先生方には「やれるところまでやります」と宣言し、普通校への進学を実現した。

「特殊学級や養護学校に行くのは簡単ですけれど、一度行ってしまったら健常者のいる普通の中学、高校へは戻れない。皆さんと同じ環境には二度と戻れないんです。ですから、『やれるところまでやって、もう駄目だと思ったら向こうに行きますから』と、普通の中学校に行かせたのです。いじめられもしたのだけれど、それでも卒業できました」

中学校時代は知的障がいを標的にされ、いじめにも遭った。

「クラスでは辛い目にも遭ったでしょうが、不登校になったりするようなことはありませんでした。不思議ですけれど、傑は飄々(ひょうひょう)として、いじめるクラスメイトを相手にしなかった。学校へは通い続けましたよ。ただ、いつも一人で、友達はいませんでしたけれどね」

中学校卒業後に待っていた課題は高校への進学である。

やはり普通高校への進学は難しいであろうと考えた典子さんは、養護学校を検討したが、同じ心で、叶うなら普通の高校生活をさせてやりたいという思いも捨てられなかった。

「受験勉強には、到底ついていけません。でも、全日制は無理でも、もしかしたら定時制なら入れるかもしれないと思い、定時制高校を受けたのです」

それが、家の近くにある都立工芸高校だった。同校は当時、定時制が人数割れをすると廃校になるという状況だった。

「受験した生徒全員が合格したんです。廃校を回避するためでしょうが、傑にとってはこのうえない幸運でした」


傑さんが高校に入学する頃になると、典子さんは生活費のために本格的に仕事を始めた。

「けれど、傑のことでいろいろ時間もとられますから、フルタイムで働くことはしなかったんです」

いちばんの相談相手である夫はいない。実家の両親にも頼ることはなく、ほとんど自分で判断し、行動していたという典子さんは、工芸高校での日々こそが傑さんに物づくりの喜びを教えた、と言った。

「そこでの日々が、すごく楽しかったようなのです。工芸高校だから勉強ばかりではなくて、絵を描いたり、工作をしたりと、傑にすごく合っていたんですよ」

傑さんは子どもの頃から絵が好きだった。画用紙に向かってのびのびと絵を描き、その絵からも、その気持ちが窺えるようだったという。

「無口で自分からは何かを欲することもなかったのですが、絵は大好きでした。紙とクレヨンを前に、いつも溌剌とした良い絵を描いていたのです。作為(さくい)がなくて、屈託がなくて、明るい絵を。親ばかだから、この子には創作の才能があるなと思って見ていました。そういうことを思い返すと、工芸高校が性に合っていたのでしょう」

定時制高校に通う生徒のなかには、中学校時代にいじめに遭い普通校を諦めた者もいた。

「いじめを経験し、なかなか普通高校には通えない生徒も傑のクラスにいました。そうした子も知的障がいがある傑も、工芸高校では皆で助け合って生活していましたね。いじめっ子もいない、すごくいい環境だったのです。先生も手厚く、快活で、素晴らしい方でした」

高校時代は友人もでき、連れ立って出かけることもあった傑さん。

「あの頃の楽しそうな顔を忘れられません。工芸高校なので授業には彫金(ちょうきん)もあって、傑は私のために指輪を作ってくれたんですよ」

プロにはほど遠い作品だったが、息子が熱中する様子に典子さんの心は華やいだ。

「もちろん、授業で作る工芸品や描く絵は趣味のレベルで職業にすることはできない感じでしたが、それでも本人はすごく楽しみにしていました。『楽しくて、楽しくて』と言って高校へ通っていたので、傑も私達家族も、明るく過ごした4年間でした」

中学校時代は途中で特殊学級への編入を考えることもあったが、高校時代は楽しそうな息子の顔だけが記憶に残っている。

「4年間の定時制高校を休むことなく通いました。ちゃんと4年で卒業できたんですよ。傑にとっても、私にとっても、かけがえのない人生の思い出です」

母校の工芸高校へは今も足を運んでいるという。

「1年に一度、傑の通っていた工芸高校で工芸祭があるんです。それには今も二人で見にいきます。『ああ、懐かしいね』と言いながら、生徒たちによる展示作品を見て周ります」

幸福な高校時代を終えた傑さんと典子さんは、ついに就職に向き合うことになった。

まずは、傑さんを伴い神奈川県横浜市の神奈川県障害者就労相談センターへ相談に行った。

「そこでは面接をしたり、いろいろな作業をしたりして、どういう適性があり、どんなところへの就職が可能なのか、調べてくれました」

しかし、そこでは高校時代が夢だったと思うほど、厳しい現実が突きつけられた。

「適性検査の結果、『知的障がいがあるので、普通の就職は無理だ。手帳を取って、障がい者として就職することのほうがまだ可能性がある』と言われたのです。私は、ついにこのときが来たのだと思いました」

息子が知的障がいであることを、１００％認めた瞬間だった。

「専門家の助言通り、すぐに障がい者手帳を取ろうと申請をしました。手続きをすると、それはもう、簡単に取れたのですよ」

傑さんが申請したのは、療育手帳である。児童相談所または知的障がい者更生相談所において、知的障がいであると判定された場合にこの手帳が交付される。

区分は自治体によって異なるが、障がいの程度は1度（最重度）、2度（重度）、3度（中度）、4度（軽度）に分かれており、ＩＱや日常生活動作（身辺処理、移動、コミュニケーションなどの能力のこと）などを総合的に判断して認定される。

傑さんは4度だった。

「その手帳を取得し、傑は能開校へ行ったのです」

能開校とは、「国立県営神奈川障害者職業能力開発校」のことで、国が設置し、神奈川県が運営する職業能力開発施設である。障がい者がその事情や障がいの程度などに応じて、有する能力を活用できるように職業訓練を行っている。

知的障がい者が就職するといっても、何ができるか、何をすればいいのかわからない。そこで実習訓練を通して、職場でのマナーや作業手順といったものを1年間学ぶのである。

「ああいう子でもね、なんとか働かなくてはという気持ちはあるのですよ。傑も『働きたい』と、私に言いました。働いて賃金をもらい生活する、という仕組みは理解していました。自分も一般の人のように働きに行きたい、会社にお勤めに行きたいという気持ちはすごく強くて、臆することなく、面接には積極的に行っていました」

傑さんは「働く」ことへの固い意志を、度々言葉にして母へ伝えていた。就職を決める時期になり、親子で何度も話し合ったという。

「ここにしようか、ここを受けようかと話し合って、私も一緒に面接に行きました。本当にあちこちへ行きました。数えきれないほどです。集団面接にも行きました。大きな会場にいくつもの会社のブースがあって、自分の家の近くだねとか、こういう仕事ができるねとか、会社をピックアップして面接を受けるのです。そこで出合った企業の一つが日本理化学工業さんでした」

1998（平成10）年、日本理化学工業の面接を受けると、傑さんは訓練生に採用された。同年11月には正社員となり、以後製造ラインで技術を磨いてきたのである。

「採ってくださって、嬉しかったです。すごく嬉しかったですよ、本当に。傑は生きる目的を見つけられました。本当にありがたいことだと思って、感謝しています」

中村家の親子はよく語らった。傑さん自身がどう生きるのか、これからどこへ進めばいいのか、話し合い、考えていった。その絆があるからこそ、手探りでも、ステップを一つ一つ上っていくことができた。

「いろいろ悩んだことは数知れません。けれどもその都度その都度、『できるならやってみましょう』と考えて進んできました。障がいのある者としては、傑はトントン拍子で進んだという感じです」

勤続20年が近づいてきた傑さんは、今は仕事のことを事細かに伝えなくなった。

「私が根掘り葉掘り仕事の様子を聞くのですけれど、喋(しゃべ)りません。『ふうん』と言って、笑うだけで」

自らの世界を邁進しているから、不安を言葉にする必要がない。典子さんはそう思い、無口な息子を見守っている。

「仕事に自信があるのかどうかはわからないですけれど、とにかく何と言いますか、与えられた仕事はきちんとやろうというような気持ちだけは強く持って働いているのだと思います。ああいう子たちの特徴ですよね。『一生懸命やろう』『与えられたら、それをきちんとやろう』という気持ちが、他にいかないというのでしょうか」

散漫にならず、集中力を持って、キットパスの品質を管理する傑さん。日本理化学工業の障がい者雇用のノウハウが息子に居場所を提供してくれた、と典子さんは思っている。

「大山会長、大山社長を始め、従業員の皆さんが、ああいう子たちに仕事をもたらす機会を作ってくれているのです。傑の人生が時を止めず動いているのは、日本理化学工業という会社が力を貸してくれているからだと思っています」

個人の特性などを把握したうえで、役割もどんどん与えていく。社員一人一人が持っている特性や才能を伸ばすような職場にしたい。隆久さんの思いは、典子さんにダイレクトに届いていた。

40代になる傑さんの一生懸命な働きぶりは、典子さんにとっても誇りだ。

「一生懸命やっていますよ。私も感心しています。そのうえきちんと働き続けているのを見て、自分の息子ですが偉いと思います」

典子さんは、傑さんの可能性を信じ、活路を見出そうと必死だった。その必死な母の姿に、周囲も手を差し伸べた。学校でも行政でも、その都度いろいろな人に相談して、アドバイスを得られたことが良かったと振り返る。

「相談に行くと、皆一生懸命アドバイスをしてくださって。私も傑も一人ではない、と感じられました。決して差別したり、排斥（はいせき）したりすることがなかった。本当にありがたかったです」

　私は、典子さんに改めて傑さんと過ごした日々の思いを聞いた。彼女は指先を見つめ、静かにこう話した。

「自分の子どもに障がいがあると知ったときの衝撃は、それまでの人生が覆（くつがえ）るほどのものです。どうして、なぜ私の子どもが、と泣いて過ごし、それを繰り返しました。しかし、ショックを引きずっても、泣いても、現実は何も変わらないと間もなく気が付きます。傑は生きていて、成長するのですから」

　なぜ知的障がい者を産んでしまったのかと考える時間を、典子さんは傑さんの人生を切り開くための時間に変えたのである。

「今直面している問題を乗り越えていくために、たくさん考えて、たくさんの場所へ出向き、たくさんの人に会いました。それしかありませんでした。離婚して一人で二人の息子を育てる私には、長男が知的障がい者だと悩んでいる時間などないのだと、自分に言い聞かせて」

ただ一つ、典子さんには決めていることがある。それは傑さんの弟に少しの負担もかけない、ということだ。

「傑の弟は幼い頃から兄のことを理解し、思いやってきました。父親のいない家庭で、働きながら兄のために奔走する私を見て育ちました。だからこそ、次男には、傑のことで少しの負担も感じてほしくないのです。自分の人生を思う存分生きてほしい。私は傑とともに生きますが、何の気兼ねもなく次男は自分の世界を築いてほしいと思っています」

典子さんには、今を幸福に思う気持ちと同じく、将来への不安もある。

「将来の不安は、私が死んでしまった後ですね。一人でどうやって生きていくのだろうと、それが心配です。傑は、家事が何もできません。料理も洗濯も掃除も私任せです。最近はカップラーメンを自分で作って食べられるようになりましたが、そのレベルです。洗濯機の使い方、掃除機の使い方、簡単な調理の方法など、これから教えていかなければ、と考えているんですよ。日本理化学工業の社員の方々には寮に入り、またアパートで一人暮らしをしている人もいると聞いています。傑にもそうした自立をしてほしいのです」

なんとか一人で生きていける方法をまた二人で考えていきたい、と典子さんは思っている。

「それが、これからの課題ですよね。あと、５年か10年ぐらいまでにはそういうことをクリアしなければならないと考えています。さらに、傑が定年を迎えて年老いたときの生活のことも。まだ先かもしれませんが、グループホームで暮らすにはどうしたらいいかなど、調べていきたいと思っています」

典子さんと傑さんは、どんな状況にあっても可能性を常に求めている。その前向きな姿勢が、日本理化学工業になくてはならない社員を生んだ。

その前向きな姿勢にただ頭が下がる思いです、と伝えると、典子さんは一言こう呟いた。

「ああいう子を持ったら、誰だって絶対に、私のようになりますよ」

第3章

働く幸せの実現に向けて

——会社が乗り越えてきた苦難

4代にわたる日本理化学工業の歴史

人が人を思う力を持った会社。小さなルールを積み重ね、障がい者であっても潤沢な生産力を持ち得る会社。日本理化学工業を唯一無二の存在にしているのは、他の企業にはない理念だ。

「障がいがあっても、なくても、その人が自らの力を思う存分に発揮し、良い仕事をする。それがうちの理念です。障がい者と一緒に仕事をして考えさせられることは、照れくさくはありますが、素に戻って優しさを発揮することができるということですね。自然に優しさを出すことができる。彼らはそういう存在です。さらに、生きることや働くこと、喜びや悲しみといった人間の本質を考えさせ、気付かせてくれる存在でもあります。感謝しかないんですよ」

障がい者、健常者という枠組みだけでなく、世代や性別などあらゆる垣根を越え、人間をみることができるようになったと話す社長の表情は高慢なわけではなく、そこにはただ強い意思が感じられる。

「商品を生み出していることの素晴らしさを、社内で伝えるように心がけています。日本理化学工業というブランドとその品質が求められている、使った人たちを幸せにしているという実感は、社員にとって最大の幸せに繋がると思うからです」

高爽（こうそう）の気を帯びた社長の表情こそが、企業の元気、威勢を物語る。日本理化学工業の進むべき道を語る隆久さんは、柔らかくまた堅固でもある。

「時代とともに、会社は変化を受け入れなければならないと思います。しかし、絶対に変えてはならないものもある。それは『働く幸せの実現』です」

日本理化学工業は、大きく三つの時代に分けられる。

第一期は、チョークの製造と会社創設・創業の時代だ。初代社長・大山要蔵（ようぞう）さんが戦前・戦後の激動の日々を駆け抜け、会社とチョークの素地は作られた。第二期は、知的障がい者雇用とキットパスの試作・製造の時代。要蔵さんの妻・はなさんが2代目社長を務めた後に3代目の社長となった泰弘さんは、健常者と同じ仕事をする機会がまったくといっていいほどなかった知的障がい者に適材適所の仕事を与え、彼らに働く喜び・人の役に立つ幸せという感動をもたらした。そして第三期は、4代目社長である隆久さんが「自らの使命」と言って、推し進めるキットパスの営業展開の時代。ダストレスチヨークのシェア拡大とともに自社のオリジナル商品であるキットパスは、主力商品として国内外に市場を広げている。

日々現場に足を運び、チョークやキットパスの製造を見やりながら、隆久さんは日本理化学工業の未来を思う。自社の商品への誇り、経営理念、オリジナル商品の開発、事業拡大への野心など、思いの果てに見る表象は数えきれない。けれど、決して安易に右肩上がりの業績を求めることはできない。学校で使われるチョークへの信頼は揺るぎないものでなければならず、また、障がい者雇用を盤石にするために開発されたキットパスは、子どもや親や高齢者や世の中の人々の心を掴む魅力的なものでなければならない。

そうした思いを反芻する隆久さんは、折に触れ、祖父が興し、父が作り上げた会社の沿革を振り返る。

「困難の連続でしたが、他の道はなかったと思います」

隆久さんの解説は、会社の歴史と苦難の期間を物語るものでもある。

「まず、創業者である祖父・要蔵が東京都大田区に日本理化学工業を作り、ダストレスチョークという体に安全なチョークを誕生させたことの誇りは大きいです。そして日本初の炭酸カルシウム製のチョークの製造と販売を、祖父が実現しました」

「ダストレスチョーク」は、1958（昭和33）年に商標登録をされ、チョークを使う業界、その人々にとってのスタンダードになっている。そして、要蔵さんから会社を託された泰弘さんが、1960（昭和35）年に知的障がい者雇用をスタートさせ、日本製の優れたチョークが知的障がい者によって作られるようになった。

そのことは、多くの支援を得て実現した1975（昭和50）年の日本初「心身障害者多数雇用モデル工場」の開設に繋がっていくのだ。障がい者が生産の担い手になる。会社経営の先頭に立つ労働者になり得る。そうした事実を事業で示すために、川崎の新工場では、チョーク以外の事業にも進出した。

「心身障害者多数雇用モデル工場第1号となる川崎工場では、多くの知的障がい者を雇用するために、下請け事業を行いました。売上を伸ばし、社員たちの高度な技術も認められ、日本理化学工業の事業は大きく展開していきました。しかし、父の思いとは裏腹に社会情勢の影響を受け、ついに赤字となってしまったのです」

さらに、時代の移り変わりとともに、チョークのマーケットは様変わりしていった。

「1980年代から始まった少子化の影響は否めません。平成に入り、チョークの学校利用も縮小の一途を辿っていきました。企業では黒板に変わるホワイトボードが使用され、デジタル時代の必然である電子ボードやパソコンと連動するプロジェクターも多用。

チョークを使う機会は減少し続けていくのです」

当時の大山泰弘社長は、経営者として事業の見直しと判断を迫られた。

「父は、下請け事業からの撤退を決断し、会社存亡の危機を救うために新規事業としてキットパスの商品化と市場への流通を心に決めます」

自社オリジナル製品の商品化のため、川崎市へ「産学連携」を申請し、キットパスの開発を進めるも簡単には完成しない。キットパス完成のための試行錯誤と雇用を続けるための戦いは続いた。その期間およそ20年。

光明が差したのは、隆久さんが4代目社長になった翌年。２００９（平成21）年にキットパスが「ＩＳＯＴ（イソット）２００９日本文具大賞機能部門グランプリ」を受賞したのだ。

4代目社長となり、21世紀の事業家として会社を率いる隆久さんは、継続のための発想転換と改革を施した。

「設備や人員をそのままに事業を大転換することなどできませんが、ダストレスチョークから着想を得て、うちの工場で生産できる製品を開発・販売していきました。それが、風で飛散しにくく口や目に入っても心配のない『ダストレスラインパウダー』や、父が長年の開発努力の末に誕生させた『キットパス』です。また、ダストレスチョークは花壇の肥料としてリサイクル利用することの提案などもしています」

子どもの減少で国内需要が縮小するなか、隆久さんは積極的に海外にも販路を求めている。

「２０１６（平成28）年8月、ニューヨークのジャビッツ展示会場にて開催された、全米最大級のギフト・ホーム展示会『ＮＹ ＮＯＷ』において、ダストレスチョークが『持続可能性：良い世界へのデザイン賞（SustainAbility: design for a better world)』に選出されました。また、同年9月には、欧州最大級のインテリア・デザイン見本市『メゾン・エ・オブジェ２０１６年9月展（MAISON & OBJET 2016 パリ、フランス）』にも出展し、大きな反響をいただきました」

隆久さんは今、強い経営を目指すために海外市場へ目を向けている。

「正直、自社の製品を海外でも使ってほしい、という悠長な状況ではないのです。国内のチョーク消費量の減少から、このままでは立ち行かないという切羽詰まった状況からの海外戦略でした」

「働く幸せの実現」は、事業の継続なしにあり得ない。隆久さんは言う。

「会社が立ち行かなくなれば、働く幸せを作る場所そのものを失う。私の代でそんな状況になれば、父の歩んできた道すら否定することになってしまう。あらゆる努力をして、さらなる事業の安定と働く幸せの実現を継続したいと思っています」

顎を上げ前進する社長に、私は来し方を聞いた。創業者の孫であり当時の社長の長男であった隆久さんは、日本理化学工業という会社を、知的障がい者雇用をどう考えてきたのか、と。

彼は下を向いた。

「後継者になるとは思っていなかったですね」

4代目社長・大山隆久の挑戦

自宅が工場の隣にあったため、隆久さんは子どもの頃から知的障がい者が働く姿を日常的に目にしてきた。

「物心がついたときには、誰に言われるまでもなく『うちはこういう会社なんだ』と、なんとなく理解していたような気はします。社員のお兄さん、お姉さんが私と遊んでくれたこともありましたが、子どもでしたから、さまざまな経緯とか、遊んでいる人が知的障がい者であるとか、そういう細かいことはまったくわかりませんでしたが」

3代目社長であり父である泰弘さんは、息子に事細かに話したり、事情を説明したりすることはほとんどなかった。

「親に話を聞いたというよりも、会社や工場がそこにあり、自然に理解を深めていった気がします」

隆久さんは人生の道筋を静かに語り始めた。

隆久さんは3人きょうだい。長女は、現在大山泰弘会長の秘書を務めている真里(まり)さん。その下に次女がおり、隆久さんは末っ子である。

いちばん下ではあったが大山家の男の子は一人きりで、長男という意識はあった。けれど、父は家業のことは一言も言わず、普通に好きなことをさせてくれた。

「父は私を後継者にしたい、などと言ったことがありません。母からはなんとなく、跡を継いでほしいという話を伝えられたことはありました。けれど、それは義務ではなく、約束でもなかった。私は子どもの頃から好きなことをして過ごしていましたし、いつか社長になるとも考えていませんでした」

13歳の頃、父親や会社や自分の人生について考える出来事があった。

「私が中学2年のとき、父が直腸癌になったんです。ステージも進んでいて、かなり深刻な状況でした。そのとき、母親から『お父さんはひょっとしたら駄目かもしれない』と告げられました。社長である父親が亡くなるかもしれない。そう聞いて私は、高校には行けないのかな、と思った記憶があります。中学を出たら働くのかな、と」

そのとき、自分の立場を改めて思っていた。

「父が治ってくれればいいと思っていました。けれど、いざとなったら、会社は自分がどうにかしなければいけないのかな、とチラッとは考えていました」

社長は父だが、父の弟である叔父が取締役をしている。親族で営む同族会社なのだから、そのなかの誰かが継ぐのだろうと鷹揚だった隆久さんは、父の余命を思ったそのとき、初めて「社長になるのは自分なのかもしれない」と考えていた。

しかし、父の回復とともにそうした思いも霧散していった。

「その後、父の手術と治療が成功し、驚異的な回復力で完治します。復帰への強い意志がそうさせたのでしょうが、私自身は父がいなくなる不安から解放され、一気に経営者への意識は遠のきました。何より、父からは『会社に入れ』と一言も言われませんでしたから、必要とされているとは思っていなかった。高校でも大学でも自分が好きなことをやらせてもらっていたのです。学費など、お金の心配もしたことはなく、暢気で、あまりに恵まれた環境でした」

大学を卒業すると、目指していた広告代理店に就職した。そして、マーケティングを学ぶために海外留学もした。

「アメリカにすごく憧れがあったので、アメリカへ留学し、大学院に行きました。大学院を卒業した後には、広告業界の新たなステージで仕事がしたいと思っていました。当時は、人生の設計図を自分なりには描いていたのです」

その設計図に、父の会社である日本理化学工業はなかった。

「ところが大学院を卒業する3～4カ月ぐらい前ですかね。ちょうど夏休みだったのですけれど、父から『ちょっと帰って来られないか』と連絡がありました。そこで一時帰国したら、『帰国して会社に入りなさい』と言われたのです」

その瞬間、隆久さんの人生の設計図は刷新された。

「今考えてもとても不思議なのですが、父からそう告げられた瞬間、『はい、わかりました』とスッと言ってしまったのです。思い描いていた自分の夢は、露と消えましたけれど、我慢も敗北感もない。ただ、素直に父の言葉に従えました」

心の底には自らが決めた違う選択があったのに、なぜそうできたのか。私は隆久さんに、なぜ父親の言葉に応えられたのか、と尋ねた。しばらく考えた後、彼はこう続けた。

「家族というものを、意識したからかもしれません」

帰国の前年、隆久さんは結婚していた。

「じつは、その1年ぐらい前に向こうで結婚式を挙げました。父親も母親も姉たちも親族も渡米して教会での式に参列し、祝ってくれました。そのときに、初めて家族を強く意識している自分がいました。離れてみて、結婚もしてみて、家族がなくてはならないものだと考えた時期でもありました。そういう背景もあって、父や会社に何かあったら自分が助けるのは当然だという気持ちも生まれていたのです。もし結婚していなかったら、素直に『はい』とは言わなかったかもしれません」

祖父、祖母、父、叔父、姉。血族・家族が経営した会社で自分も力を注ぎたい。愛する人を妻としたことで、それまで強く家族を意識していなかった隆久さんの心に、そうした気持ちが芽生えていた。

突如、舞い込んだ父からの入社の要請に、「家族」という離れがたい結びつきを感じていた隆久さんは、自分が父の跡を継ぐのだと受け止めていた。

「人生初の父からの指示に、何の反目も感じなかったんです」

帰国し入社することを承諾した息子に、父はその詳しい理由も、自身が持つ思いも、仕事の詳細も語ることはなかった。

「手伝ってほしいことがあると言われ、その内容を聞いた覚えはありますが、事業についての方針や父の経営理念など、特別事細かに聞かされた記憶はありません」

帰国する隆久さんの胸には、家族とともに働くのだという事実だけがあった。

１９９６（平成８）年、隆久さんはアメリカから戻り、日本理化学工業の経営に加わった。間もなく、チョーク業界が切迫の度を高めていることを知るのである。父が経営してきた会社が安穏としていられない状況であること、未来に向けて不安が山積みであることがわかった。

「率直に会社の未来を思いました。健常者も障がい者も関係なく、一生懸命働いてくれるすべての社員のことを思うと、うちの会社は本当にこのままでいいのだろうか、と思うようになったんです。健常者の雇用を増やし、合理化もして、工場をさらに近代的にすべきではないか、と。事実、会議の度にそうした意見を述べていました。社長である父の前だけでなく、社員の前でも言ったことがあります」

だが、社長である父も、取締役である叔父も、社員として勤務していた姉も、そして障がい者を支える社員たちも、隆久さんの発言に同調しなかった。

「これまでの経営方針を簡単には変えられないことは当然だと思いました。長年勤務する障がいのある社員への責任も重大です。けれど、未来の経営不安を取り払うには、今を変えていかなければと強く思ったのです。そのために私はアメリカから呼び戻されたのだと考えていたので、反応しない周囲に苛立ってもいました」

後日、隆久さんは障がい者雇用の縮小や合理化、近代化を叫んだ自分の考えが間違っていたと恥じ入るのだが、当時はそれこそが自らの役割だと自負していた。

障がい者雇用の理想と現実

隆久さんが入社したのは、チョーク製造の他に力を注いできたパイオニアから請け負いのビデオカセット事業（ビデオカセットのネジ止め）の衰退により、新規事業として重点を置いたハンガーのリサイクル事業に取り組みはじめて2年ほどが過ぎた頃だった。

隆久さんが、昭和の時代からの事業の変遷を語った。

「我が社は、昭和の頃からチョーク製造だけでなく、他の事業でも利益を上げていました。父が、障がい者でもその能力を発揮できる仕事を開拓し、そのための環境を整え、大手企業の下請けとして作業を請け負ったのです」

１９７０年代にはOリング（断面が円形の環型をした機械部品）の製造で大きな売上を上げていた。プレス機は障がい者用に改良され、その精密さは業界でもトップクラスだった。通常の不良率が12％とされているなか、日本理化学工業ではその数字が８％に抑えられた。

「利益の向上はもちろんですが、彼らの能力が発揮され、父の喜びも大きかったと思います」

大山会長には障がい者が持つ可能性を社会に示したいという思いがあった。彼らにも技術を身に付けることができる、高度な生産ができると信じていたからである。

Oリングに続き、ビデオカセット事業が展開されると、チョーク製造事業と対になって会社の利益を上げていったのだ。

「１９７５（昭和50）年9月に川崎に新工場が完成したときの主力事業は、このビデオカセット事業でした。ビデオデッキが家庭に普及し、ビデオカセットの需要が急増していった時代です。パイオニアさんからの支払いは年間2億４０００万円にもなり、本業のチョークの売上を超えていた時代でもあったのです。

ところが、１９８０年代に入ると、ビデオカセット事業の売上は3分の1の８０００万円に落ち込み、やがては消滅に向かっていきました」

赤字を背負った日本理化学工業は、祖父要蔵の遺産の土地を売り払い、その補塡に当てた。

「ビデオカセット事業を担当していた従業員を雇用し続けるためには、どうしても新たな仕事が必要でした。そのとき、取引先が父に、量販店のハンガーをリサイクルする仕事を回してくれました」

しかし、ハンガーリサイクルの事業も、Oリングやビデオカセットと一緒だ。発注元の経営や事業計画に常に左右されてしまう。

「私が入社した当時は、ちょうどハンガーリサイクルが増えていく時期で、それでなんとか経営を補っているというのもわかっていました。姉の真里が現場を担当し、社員と一緒に作業していました。けれど、これも長続きしないだろうと思っていました。つまり、日本理化学工業は、経営のおおよそ半分を別の企業の下請けとして成立させていたわけです。その限界が目前に訪れていました」

隆久さんは帰国後、社内の状況を見渡し、自分が呼び戻された理由を悟った。

「第一に、下請けからの脱却でした。第二に、従業員の加齢に伴う作業能力の変化への対応など、障がい者雇用の継続のために、次世代へと繋げる事業を展開することでした」

ハンガーリサイクル事業がスタートした同時期、奮闘しながら父親の跡継ぎとして経営方針に悩んだ隆久さんだったが、会社の苦境を肌で感じていたのは、父とともに事業に臨んでいた姉の真里さんだった。

真里さんがその頃を回想する。

「プラスチック成形事業の減少の後に始めたハンガーリサイクル事業は、使うものといえば段ボールくらいで、作業も平易ですぐに覚えられ、最初はとても粗利率が高く良好でした」

しかし、３年目を迎える頃に状況は変化していった。

「取り扱うハンガーの数が増えていくと、場所を取り、そのために新しい倉庫を建てなければいけないほどになりました。さらにハンガーは、何回転も使用されると不良品が増え、修理やゴミを処分するための作業も増えていきました。リサイクルできない廃棄物を扱っていては利益は生まれず、全員に最低賃金以上の給与を支払っている我が社は苦しい状態に陥っていきました」

下請けの仕事では、一喜一憂したと真里さんは語る。

「パイオニアさんのビデオカセットの仕事では、良いときには２億円の売上がありましたが、それも一気に減っていきました。ハンガーリサイクル事業もまた同じような運命を辿っていったのです」

ハンガーリサイクル事業を立ち上げたことには理由があった。

「それは、社員の加齢化・高齢化問題が浮上したからです」

高齢者問題の発端は、「心身障害者多数雇用モデル工場第1号」の開設だった。

「モデル工場開設の際に新たに10名以上の重度知的障がい者を雇用しましたが、その社員たちが40歳を越えて、加齢や病気の発症などにより作業能力の低下が目立ってきたのです。チョークの製造ラインのスピードは、最も遅い人に合わせると生産が落ちるので、ラインの若返りを図らなければなりません。チョークの生産が減少すれば、会社の経営に影響します」

泰弘さんは、40歳を越えて作業能力の低下した社員にも仕事を与え、雇用を続けるために新事業の導入を決断する。

「そこで、ハンガーリサイクル事業を立ち上げ、チョークのラインについていけなくなった社員を再訓練して雇用を継続しました」

ハンガーリサイクル事業は雇用を守るための手段だったが、利益は雇用者の賃金に到底及ばず、事実、経営を圧迫していった。

モデル工場として、障がい者を雇用した日本理化学工業に解雇は許されない。加齢による衰えや病気による体調不良の障がい者が増えていくなかで、真里さんの役割はこうした社員の行く先を一緒に考えることだった。

「彼らはもはや通勤すら限界という状況でも、毎日会社にやってくるのです。解雇は絶対にできないので、本人とご家族にとっても、会社にとっても、納得のいく形で最良の第二の人生を選択してもらう必要がありました。私は、本人とそのご家族と相談し、地域の作業所などへの移行を手伝いました」

もちろん、なかには自分の居場所であった日本理化学工業から離れたくないと抵抗を示す社員もおり、真里さんは1〜2年の時間をかけて何度も話し合い、障がい者と家族が安心して生活できるための橋渡しを続けた。

「作業所に移った人たちが日本理化学工業での経験を活かし、その作業場でいちばん仕事ができて尊敬される人材になっていると聞いたときは嬉しかったですね。そこでいきいきと第二の人生を送っている姿を見て、父も私も安堵していました」

真里さんは日本理化学工業を退社する。２００４（平成16）年、彼女が40歳のときだった。

「まだいろいろな制度が整っていないなかでの障がい者雇用だったので、社員の人生の責任をまるごと引き受けざるを得ない時代でした。ハンガーリサイクル事業の撤退と十数名の社員の再就職先へのバトンタッチを終えて、私は日本理化学工業から〝卒業〟することを決めていました。弟からの反対もありましたが、私自身、限界だったと思います」

経営危機のなかで覚えた焦りと葛藤

いくつもの課題をクリアしなければならない変革期。隆久さんは、本業であるチョーク製造に舵を切り直すことが急務だと考えていた。

「入社当時は商品企画部に配属され、同時に経理や総務を担当するという立場でした。ところが、いろいろと状況がわかってきて、これは本当に営業を頑張らないと駄目だと思い、『営業をやらせてくれ』と申し出たのです。それからずっと営業部の一員として全国を駆け回りました」

どうすればチョークは売れるのか。隆久さんは考え続けた。

「実際にチョークの需要は下り坂だったわけですから、そのなかでいかにシェアを上げるのか、思案し続けました」

チョークには、学校というフィールドがある。市場が決まっていて、一見非常に安定している印象があるが、じつは安泰とはほど遠かった。

「自分で経理や総務をやっていると、決算の状況がわかるわけです。総利益が莫大に出るような会社でもないし、どういうところに、どういう費用がかかっているかも理解しました。チョークのマーケットが、どんどん小さくなっていくのもわかります」

焦りを滲ませる息子に、当時社長だった泰弘さんは泰然とした態度を崩さなかった。

「父は私に『チョークは大丈夫だから』と言う。どこからそういう自信が出てくるのだろうという思いが常にありました。何の根拠があって大丈夫だと言うのか。理解できず、『どうしよう、どうしよう』と思い、一人で空回りしていました」

実際、チョークは販売がゼロになることはない。数が減っても学校がある限り、時期が来ると注文が来て売れていく。

「極端な話、営業をしなくても注文はゼロにはならず、そこそこは売れていくということも、なんとなくわかっていきました。だからこそ、頑張ればもっと売れるはずだと思ったのです」

営業への意欲は危機感の裏返しだった。

「ホワイトボードが爆発的に出てきた時代でしたから、大げさではなく存亡の危機の前触れだと認知していました」

隆久さんは、いくつかのポイントを挙げ、ノートに記した。

●より良い品質のチョークを作る
●生産性を上げる
●生産ラインの近代化
●営業によるシェアの拡大
●新製品の製造・販売

この項目を繰り返し見てはプランを練り、経営戦略を考えていると、日本理化学工業が社会的使命として取り組んできた「重度知的障がい者の雇用」が障壁になると思えてならなかった。

「健常者であったほうが、いろいろな意味で生産性も高められます。製造ラインをコンピューターで管理する。そうした改善も必要に思えましたし、営業や商品開発の人材ももっと必要だと考えました。なので、会議の度に『健常者を雇用し、事業計画を練り直したい』と言ったのです」

会社を安定させ成長させるためには、健常者を積極的に雇用すべきだと意気込んだ隆久さん。けれど、それは父である泰弘さんが作り上げた日本理化学工業の社風とは相反するものだ。

継続して知的障がい者を雇用し、定年まで永年勤務する環境と仕組みを作り上げた父と、自身がやりたいことを置いてアメリカから帰国し、危機感を募らせていく息子。言い争いになることはなかったが、意見は平行線を辿った。

隆久さんは、父に直接思いを説明することもあった。

「たとえば、チョーク製造の現場にしても、知的障がいのある社員たちだけではなくて、もう少し健常者が入って円滑に回していったほうがいいのではないか、そこでもっといろいろな発展を考えたほうがいいのではないか、と告げました。障がい者を雇用することは否定しない。このままの形で何の手も打たずに続けていくことは絶対に違うなと思っていたのです。しかし、会社は慈善団体ではないという意識を持っていたし、『企業ならこうあるべきだ』という理想もあった。会社の方針転換を強く迫っていた時期もありました」

そんな隆久さんに、社長である父は、静かに向き合った。

「私を頭ごなしに否定することもしなかったのですが、賛成すると言ったことは一度もありません。繰り返し、『チョークは大丈夫だ』と言い続けるのです。外に出て営業をしていても、日本理化学工業のシェアが爆発的に伸びることなんてあり得ない。どこが大丈夫なんだと、憤りは常にありました」

アメリカから帰国し、必死で会社の安定経営を訴える隆久さんは、なぜ誰も自分の意見に賛同しないのかと考えていた。

姉の真里さんは従業員とともに、黙々と膨大なハンガーのリサイクルの作業に取り組んでいた。

開発部門の責任者である叔父の大山章さんは、隆久さんに一言「この会社が大事にしてきたものがあるんだよ」と告げ、肩を叩いた。

製造部長としてチョーク製造ラインの管理を担当する鈴木順雄さんは、理想を掲げる隆久さんを否定せず、「そういう考えを持つのはいいことです。それを検討して、皆で『じゃあ、どうしようか』と決めていける。それが将来的に夢や目標に繋がりますね」と、肯定してくれた。

会社のために働くすべての者が、今ある流れを変えようとはしていない。苛立ちとなぜなんだという疑問が、胸の中で合わさり、渦巻いていた。

働く日々のなかで芽生えた感謝と感動

なぜ皆自分の意見に賛成し、行動を起こさないのか。このままでは会社は弱体化し、消滅してしまうかもしれないのに。

会社への思いを理解されない悔しさに身を固くしていた隆久さんは、ほどなく、その考えを反転させる。頑なだった心に風穴が開き、障がい者雇用という伝統を蔑(ないがし)ろにすれば会社存在の意味もない、と思うまでになっていった。

彼は変わったのだ。

「会社が取り組んできたこと、その歩みを、私はすっかり見落としていた。それが日本理化学工業にとってどれほど大切なことか、気付いていなかったのです」

父も叔父も姉も長らく働く社員も、変えようとしなかった流れ。それは、職場にある働く喜びの存在だった。工場で働く社員から与えられる喜びは、いきり立った隆久さんの心をも柔軟にした。

「私は、何もわかっていませんでした。幼い頃から障がい者の近くにいたのに、会社と社員が作ってきた日本理化学工業の歴史と伝統、そして彼らがそこにいる理由を、まったく見ようともしなかった。単純に、他の会社を評価の基準にして、『うちはこういうところが劣っている』とか、『21世紀の企業はこうあらねばならない』などと、数字上の理想ばかり追いかけていたのです」

経営や利潤だけを追求すれば、何が正しくて何が間違っているか、常に選択を迫られていく。そして、経営者が正しい選択をしなければ、企業は負けていく。

しかし、日本理化学工業は、資本主義のなかで会社を経営しながらも、他社にはない哲学を貫いていた。

「うちの会社は、働くことを諦めなければならなかった人たちにその機会を提供し、働くことが楽しく嬉しい、と真の喜びを知ってもらえる仕事を続けてきた。素直に、これ以上尊いことがあるのだろうか、と思えていったのです」

会社のためには利益を追求しなくてはと思う焦り。その一方で、利潤追求とは相反する障がい者雇用という会社の取り組みへの誇り。

業績を伸ばしてさらに成長するために変化を求める気持ちと、積み重ねてきた障がい者雇用の意味に気付きはじめた隆久さんが、心に折り合いをつけ、会社の方針を100%継続すると決めたきっかけは何であり、いつだったのだろう。

「明確な瞬間というのはありません。けれど、１年もすると心が整い、父が作った大河のような流れが、どれほど大切でありがたいものなのか、わかっていったのです。たとえば、社員旅行に一緒に行ったり、ハンガーリサイクルの仕事やチョークの製造ラインを手伝ったり、そういう機会に一人一人の社員と接していくと、どんなときにも一生懸命な姿に涙が流れたのです。経営者と社員という立場だけでなく、同じ会社の仲間であると強く感じられました」

隆久さんは、それぞれの社員を知的障がい者とひとくくりにしていた自分を省みた。

「障がいのある社員と深く話すことは簡単ではありません。しかし、社員から『この人はこういう人ですよ』と性格や仕事ぶりを聞くと、名前と顔と個性がわかっていきます。実際、職場で挨拶を交わし、ときには会話をしてみると、一人一人が懸命に今を生きていることがわかり、我が社の大切な労働力、職場になくてはならないパーソナリティーなんだ、と感謝が生まれます。そういう場面が少しずつ増えていって、私ははっきり気付いたのだと思います。私の使命は社員から働く喜びを決して奪わないことなのだ、と」

経営者として先頭に立ち、彼の思う改革に躍起（やっき）だった隆久さんは、現場で社員たちと同じ時間を過ごすことで、小さな感動を積み重ねることになった。

「現場に立っていると『この人はこういうところがすごいな』とか、『俺はこんな作業は絶対にできないな』とか、職人としての彼らに心を鷲掴みにされましたよ。さらに、『この人がここまでになるには、どれほどの努力が必要だったのだろう』とか、『俺がこんな技術を持ったら、もっと尊大に振る舞うだろうし、給料が欲しいと言うだろうな』などと考えて、ただ黙々と仕事に没頭する皆に、感謝の念が溢れるようになりました」

人格や性格、プロフェッショナリズム、仕事への姿勢、真面目さ、無心さ、笑顔など、そういった個々の持つパーソナリティーに触れていった隆久さんは、彼らを理解するだけでなく、彼らと働けることこそ、自分の喜びだと考えるようになっていた。

「誰かから何かを言われて、自分の考え方が変わったのではありません。知的障がい者と呼ばれる人たちと一緒に働いていくなかで、『すごいな、かなわないな』と素直に感動し、尊敬したからです」

会社にとって大切な人たちを路頭に迷わせたくない。素晴らしい職人の技術を失いたくない。そんな考えが体に満ちていった。

「ハンガーの仕事がだんだん減っていくという状況もあり、本業で頑張らなければ未来はないと思いました。チョークの製造ラインで働く社員の手を空かしてはならない、と自分に言い聞かせました」

「チョークは大丈夫」と言った父。その言葉はすなわち、日本に子どもがいて学校がある限り、注文はなくならないという意味だ。だが、それだけではないと、隆久さんは思った。

「学校で授業を受ける子どもたちに、うちの社員の作るチョークを使ってもらう。そのための力を尽くすのが私の役目です。販路を広げ、受注を増やし、そのうえで『うちのチョークは大丈夫』と、胸を張って言えることが経営者の務めなのだと考えていました」

隆久さんは、その思いのまま道を進んだ。どんなときにも、製造ラインで働く社員の一人一人の顔を思い浮かべ、以後二度と「障がい者雇用を見直し、健常者を増やす」とは言っていない。

「これまで作り上げたものを失えば、日本理化学工業が日本理化学工業ではなくなってしまうからです。社員の７割が知的障がい者。彼らがチョークを作り、働く喜びを持てる会社、それが日本理化学工業です。理解していなかったとはいえ、私はそれを一時、壊そうとしました。本当に浅はかだったと思います」

隆久さんの視線の先には、姉の真里さんがいる。

「自然体で知的障がい者とともに過ごし、会社の経営に寄与した姉は、私の心の支えでもありました」

障がい者に寄り添う長女・大山真里

大山家の長女である真里さんは、父・泰弘さんの影響を色濃く受けている。

「福祉を学びなさいとも、知的障がい者の支援を志しなさいとも、父に言われたことはありません」

泰弘さんは仕事一筋で、家は母子家庭のようだった。

「父は、自宅でも仕事仕事で、子どもと遊ぶお父さんという感じは少しもありませんでした。外で全力疾走の父は、とにかく疲れていて、ご飯を食べたまま寝てしまうほど。私はそういう姿しか見ていません。でも、父が会社経営のために、全身全霊で働いていることは、子どもながらにわかっていました」

知的障がい者が身近にいるなかで育った真里さんは、障がい者への偏見が微塵(みじん)もなかった。

「生まれたときから周りにいつも知的障がいの社員がいて、それが当たり前の環境でした。会社の旅行や忘年会でも、本当に常に一緒にいたという感じです。私が生まれたときの写真を、大田区に工場があった時代から働いていた社員たちが、今でも大切に持ってくれているんですよ」

真里さんは、日本女子大学社会福祉学科を卒業した後、障がい者と関わる仕事をいくつか経て、１９９３（平成５）年に日本理化学工業へ入社する。社長の娘ではあるが、特別扱いはない。彼女は常に、現場で障がい者とともに働いた。

「40年間、障がい者とともにおりました。作業の指導をすることもありましたが、同じ場所で一緒に働くことのほうが、私にとっては自然なことでした」

40歳で日本理化学工業を離れた真里さんは、カウンセリングの勉強をし、複数の会社で働くが、弟の隆久さんの社長就任にともない会長となった父・泰弘さんが講演活動や本の執筆などで多忙になり、その仕事を手伝うようになった。

「『カンブリア宮殿』に出演し、その後、渋沢栄一賞をいただいた父は数多くのメディアの取材を受け、各地の講演に呼んでいただき、日本中を飛び回るようになりました。一人でスケジュール管理ができないものですから、父個人の手伝いをしているような立場です」

父と息子、そして娘。

言葉を有せずとも志を重ね、掲げる目的を同じくする家族・親族が、他者ではない自分の人生の道として、障がい者とともに生きる道を歩み続けている。

責任によって得られる誇り

障がい者が主戦力として働ける環境の構築。もちろんそこには、仕事への理解、社内のコミュニケーション、生産性を高める「向上」への意識などの徹底が必要だ。

意識の徹底は健常者の社員でも障がいを持つ社員でも、同じように求められるものだが、マニュアルでは伝えられない社員たちへの伝達方法を確立することは企業として必須だった。

工場の生産ラインに施された障がい者のための工夫と並行し、日本理化学工業の従業員、社会人としてのルールとそのチェック機構が完成してから、生産性は見事に上昇したという。隆久さんが解説する。

「この運動は、20年前からスタートしました。社内での規律、自己管理などの項目を『S』の付く単語で並べた『6S』です。各自が向き合い、自らをチェックする。また他の社員から指摘されれば、それを改善していくのです」

６Ｓとは、整理、整頓、清潔、清掃、しつけ（習慣）、安全（safety）である。

「それらが守れているかどうか、常に意識し、周りの社員も見ていきます」

守れていれば、その社員は「６Ｓ委員」となる。彼らは形式的な基準をクリアすることを目標にしていない。それぞれの項目でより高い態度・行動を目指している。

私は、この６Ｓ活動にも、強い衝撃を受けていた。６Ｓ活動に取り組む障がいのある社員たちは、皆、「役に立って必要とされる幸せ」に満ち溢れているのである。

知的障がい者がその特性を活かし、足りないところは社員たちの工夫で助けられ、優秀な職人、技術者になることは、日本理化学工業の生産性を示すチョークのシェアが雄弁に証明していた。

しかし、この職場では数字だけが重用されるのではない。障がいを持って働く社員の心にこそ、重きを置いている。この６Ｓ活動は、障がいのある社員たちにとっての高い自尊心・自負心の築きのためのメソッドなのである。

「日本理化学工業へ入社する前は、仕事に就いていても周囲から認められることが少なかった人たちが、活躍できることに喜びを感じてほしい」という大山会長の思いで作られたチョークの製造ラインには、働く喜びに加え「誰かの役に立っている」という誇りが感じられる。

「その誇りこそが、生産・品質の向上に繋がっているのです」

隆久さんも、社長を引き継いだばかりの頃、そのことに驚いたと話す。

「6S活動は、自己の目標です。そこで認められ、褒められれば自信を持ちますし、誇りを感じます。しかし、それは社長になってしばらくしてから確信したことで、当初は、知的障がいのある社員が誇りを持って働く、という事実が見えませんでした。知的障がいのある人たちのことを何も知らない自分を情けなく思いました」

6S委員になった社員のなかからは、さらに「班長」が選ばれる。この「班長制」も、大山会長が社長であった頃に考案した制度だ。

「6S活動については月に1回、グループを作って勉強会を行っています」

勉強会を行うグループのメンバーは、班長を始め、ダストレスチョークやキットパスの製造ラインで中核を担う社員だ。

班長になった社員は、責任をも背負う。自分のことだけでなく、同じ作業のメンバー、勉強会のメンバー、障がいが重い社員や新入社員などに、親切に接していく。困った人がいれば声を掛け、代わりに上司に連絡するなど、自分の作業以外にも周囲に心を配るのだ。

「通常、知的障がい者を雇用する際には、障がい者4～5人に一人、健常者の社員が付いて指導します。しかし、班長の仕事ぶりを見ていた私や他の社員は『班長として務めを果たしている社員なら、十分にマネージャーの補佐・助手になる』と話し合い、それを実行しました」

チョークの製造ラインには、14～15人の障がい者を束ね監督するマネージャー（健常者社員）が一人いる。そのマネージャーの下に班長を置き、班長に2～3人の社員の面倒を見る、という役目を与えたのだ。

「困っていることがあれば相談に乗る、仕事が覚えられなければ教えてあげる、様子がいつもと違ったら声を掛けてあげるというふうに、班長になった社員は、マネージャーの助手としても、職場のリーダーとしてもいきいき活躍してくれます」

方針を決め、組織を整え、目的を達成するよう物事を持続的に行うこと。そして、どんな瞬間も、社員を細やかな心で思うこと。日本理化学工業を率いる社長にとって、それはまさに経営の両輪だ。前社長の泰弘さんが作った制度を、経営を引き継いだ現社長の隆久さんが進化させている。

「障がいのある社員に、仕事のことでも生活面でも、何かを伝え物事を頼んだとき、彼らはすぐに『わかりました』と答えてくれます。しかし、これを鵜呑みにしてはならないことも学びました。その行動を見て、本当に理解しているのか、また真に理解してもらうにはどんな方法がいいのか、考えなければならない。その積み重ねが今の社内のルールや6S活動、班長制ですが、それでも万全ではありません。もっと緻密に繊細に、障がいがある社員の可能性を活かす環境を整えていきたい。同時に、健常者の社員には他にはない苦労をかけているとも思っています」

日本理化学工業に入社した社員は、健常者よりはるかに多い障がい者と働く環境に置かれる。経験や年齢にかかわらず、障がいのある社員を導き見守る立場になるのである。

「しかし、そのことで健常者の社員から苦情を受けることはありません。皆どんな場合でも、その役割を感じ、実行してくれます。立場や役割がその人を動かす、作ると言いますが、我が社では毎日、社員のそうした気概や物事へ積極的に向かっていく気持ちに助けられています」

虹色のチョークを作る会社で働くということ

日本理化学工業が働く喜びに満ち溢れていることは、3割弱の健常者である社員たちの表情とその言葉にも表れている。

　微細に至るまで品質にこだわる製造ラインを作り上げたチョーク製造担当部長の鈴木順雄さんは、そのルールに則り作業を進める社員たちが自慢だ。

「ＪＩＳ規格に達しないチョークを見極める目が、ライン担当の社員には必要です。これでいいのか悪いのか、完全に駄目だったら×の箱に入れ、わからなければ△の箱に入れるというルールです。現場担当の健常者の社員が様子を見て、△の箱にチョークが増えれば『どう？』と声を掛けて、ＪＩＳ規格内か規格外かを教えることもあります。常にそういったコミュニケーションをとりながら見守っています。品質を判断することは、なかなか難しいですね。最終的には我々が判断しますが、古くから働いている経験のある障がい者の方たちは、かなりの品質まで見極められます。短時間で的確に分別できますよ。やはり、経験は宝ですね」

　障がいのある社員とない社員を、棲み分ける気持ちは鈴木さんにはない。

「それは、彼らが輝けるシステムとルールが社内にあるからです。彼らはいつも一生懸命勉強しています。そして皆で話し合って、一つのものを作り上げているのです。むしろ尊敬に値しますよ」

　チョーク製造担当者には頼もしいリーダーもいる。

「生産においては6S活動が基本になっています。6S活動のうちの『safety』、つまり『安全』を提案したのは、チョーク製造担当の竹内章浩（あきひろ）君です。知的障がいのある彼ですが、我々とともに会議に参加するメンバーでもあります。その会議のなかで、安全を考えることを活動に加えようと提案してくれたのです」

竹内さんは原料を混練するミキサー担当だ。

「長年ミキサーを担当している彼は、特に『気を付けてね』と言われることが多かったのでしょう。『安全は大事』ということが、頭の中にインプットされていたのです。彼が提案をした会議のときには私も同席していましたが、我々が気付かないことを指摘し掲げてくれた。嬉しかったですね」

工場内に押しつけの指導など一切ありません、と鈴木さんは語る。

「皆からの意見を聞き、それを吸い上げて6S活動を築いていきました。だからこそ、スムーズにいっているのではないかと思っています」

鈴木さんは、彼らの姿勢、その働く姿に自分を省みる、と言った。

「皆が素直なのです。言われたことに対して素直に受け答えし、また素直に行動に移してくれます。素直な彼らに対して、絶対にいい加減な態度はとれないし、いい加減なことは言えないのです。だからこそ私は日々襟を正します。障がい者もそうでない者も、皆が一丸となって頑張れるということを、彼らが教えてくれました」

総務経理担当・サブマネージャーである佐藤亜紀子さんは、障がいのある社員に最も近しい人だ。彼女が入社した頃からのことを振り返る。

「私が入社したのは２００４（平成16）年です。会社概要に、知的障がい者の雇用割合が70％である、と書いてありました。私のなかでは、そのことに何の違和感もなかったので、別に深く考えていませんでした。正直に言えば、私は知的障がい者の人と接した経験がなかったので、ピンと来なかったのです。当時社長だった大山会長と今の社長の隆久さんの面接を受け、温かさと親しみを感じたので入社のお願いをしました」

実際に職場に出ると、彼らとの関係が少しずつ築かれていった。

「知的障がい者の人にどう接していいのかわからない最初の頃は、たしかに少し緊張したり、戸惑っていたりもしました。ところがそんな心配を打ち消すように、皆が楽しく話し掛けてくれるのです。むしろ、皆が私を受け入れてくれて、親切にしたいんだという思いが、とても伝わってきました」

知的障がいのある従業員たちは、佐藤さんにだけ優しいわけではなかった。

「新しい人が入ると、たとえば休憩のときなどに、皆どんどん話し掛けてあげるのです。

『誕生日ぃつ？』とか、『どこに住んでるの？』とか、いろいろなことです。それだけではありません。体調が悪い人がいれば『大丈夫？』と声を掛け、気配りを忘れません。私が少し風邪気味だったときには、アメを持ってきてくれました。優しく、本当に垣根がないのです」

佐藤さんは知的障がいのある社員たちと友情を培いながら、サブマネージャーとして彼らの仕事と生活に寄り添うことになる。

「障がいのある社員のなかに、天候に左右される人がいることがわかりました。雨だと嫌な気持ちになるらしく、すごく気にしていますね。ふだんはあまり天気に触れないのですけれど、休憩時間などに『今日ずっと雨ですか』とか、梅雨入り前には『梅雨入りしますか』とか、気持ちがずっと興奮していて、落ち着きがなくなってきます。雷が鳴ったりしたら大変です。怖くて目をつぶってしまい、手元が見えずに危ないので、『ちゃんと目を開けて作業して』と言わなければならないほどです。ですからその対策として、天候が悪くなってきたら私が窓のブラインドを閉めるようにしています」

佐藤さんは、彼らの不安を少しでも取り除くことができればと心を配っている。

「社員旅行などに行くと、いつもと違うところだと感じて、不安になったり興奮したりするのです。不安になったり、興奮したりするポイントも一人一人違います。そのポイントもわかってくるので、『こういうふうに伝えたら、この人はこう反応するな』と考え、サポートするようになりました」

佐藤さんは「けれど、私は一方的に教える立場ではありませんよ」と、微笑む。

「皆がわからないことは私が教え、サポートしますが、私が教えてもらうこともたくさんあります。人員が足りなくてチョークのラインを手伝ったときには、皆が丁寧に作業を教えてくれました。彼らは物づくりのスペシャリストで、本当に尊敬しています」

障がいのある同僚とたくさんの時間を過ごしてきた佐藤さんは、日本理化学工業での毎日を、苦労だとは少しも思っていない。「むしろ皆といると楽しいですね」と軽やかに話す。

「本当に皆、頑張って仕事をしていますし、いろいろな発見もあります。逆に、気付かせてくれることも多いのです」

60歳を過ぎてラインから外れて違う作業をする従業員の姿には、清々しさを感じていた。

「今までとはまったく違う作業をするので、手先は大丈夫かなとか、嫌にならないかなとか、とても心配したのですが、その人は決して諦めなかった。新しい作業を何度も練習して、できるようになっていきました。『60歳を過ぎても、こんなふうにチャレンジすることができるんだ』と、私が勇気をもらえました」

休日には障がいのある社員たちと出かけて、友情を紡ぐ佐藤さんは、自らの職場をこう表した。

「ここは、『人との関わりを大切にする会社』です。自分の業務があっても、困っている人がいたらそちらが優先です。今はそれが当たり前のことだと感じています。こんな気持ちを抱けたのも彼らのお陰です」

キットパス製造担当のリーダーである西村亘史（のぶふみ）さんは、２００９（平成21）年に入社した。日本理化学工業を職場に選んだきっかけは、『日本でいちばん大切にしたい会社』を読んだからだった。

「あの本を読み、『この会社で働きたい』と思いました。地元の九州から上京して仕事を探していた頃、たまたま本を手に取り、その社名からホームページを探して電話したんです。求人もあるかどうかわからなかったのですが、いきなり『営業で雇ってください』と言いました。面接を受け、入社を許されたときには飛び上がるほど嬉しかったですね」

大山会長の経営理念に憧れて「働きたい」と願った西村さんだが、それまで文房具に興味があったわけでもなく、日本理化学工業の商品を触ったこともなかった。ましてや、知的障がい者と関わったことなど皆無だったという。

「身近にもいないし、学生時代の同級生にも、全然いなかったです」

職場で障がい者と日常的に関わることになった西村さんは、さまざまな〝気付き〟を得ることになった。

「入社して一緒に働くようになったとき、最初はかなり戸惑いました。コミュニケーションをどうとればいいのか、困ったんです。現場ではキットパスの成形担当に入ったのですが、わからないことは先輩である障がい者の社員に聞いて作業するわけです。けれど、その会話がまったく上手くいかない。聞きたいことが伝わらないし、質問をやっと伝えても、返される説明が理解できないこともありました。最初の1週間までは大変でした。でも、週末ぐらいには何か楽しくなってきたんです。お互い違う環境で生きてきた者同士が、キットパスという商品を作るために向き合っている。お互い理解できないことを気まずく思ったり、それでも頑張って会話しようと思ったりしていたら、人と繋がることがいちばん大事なんだな、と気付いて。大山会長はこうやって彼らと歩んできたんだな、と感激しました。入社2週目からは心が弾んで、少しくらいコミュニケーションに齟齬があっても、ここが僕の働く場所だと馴染めました。それからはずっとこんな感じで、楽しく働いていますよ」

日が経つほど、時間が過ぎるほどに、ある思いが大きくなっていると西村さんは語る。しみじみと。

「あの本を読んで、日本理化学工業に入社したことで、人生が大きく変わりましたね。人は一人では生きていけない。人は人を思い、思われる、その両方があって幸福なのだ、と。あの本に出合って、直感的に働きたいと思い、すぐに電話して入社を直談判して、今もこうして働いている。その自分をほんの少し、褒めたいです」

第4章

チョーク屋に生まれて

——経営者としての天命

相模原殺傷事件の衝撃

　２０１６（平成28）年7月26日未明に起こった残忍な、あまりに残忍なその犯罪を、日本理化学工業の会長である大山泰弘さんは、テレビのニュースで知った。

　神奈川県相模原（さがみはら）市緑区千木良（ちぎら）の障がい者施設「津久井やまゆり園」で凶器を持った男が入所者を襲った事件は、１９８９（平成元）年以降、最も死者の数が多い殺人事件となった。刃物による殺傷で亡くなったのは施設に入所していた知的障がい者で、41～67歳の男性９人、19～70歳の女性10人。他にも27人が負傷し、けが人のなかには職員３人も含まれていた。

「津久井やまゆり園」は、３万８８９０平方メートルの敷地に2階建てで延べ床面積約１万１９００平方メートルの居住棟が2棟（東と西）あり、そこには10～70代の知的障がい者ら１４９人が長期入所していた。

　犯人はその施設で働いていた元職員で、犯行後「意思の疎通ができない人たちをナイフで刺した」と供述し、県警の取り調べに対しては容疑を認めると「障がい者なんていなくなればいい」とも話していたという。

大山会長は、大きな衝撃に言葉を失いながら、なぜわからないのか、なぜわかろうとしないのか、と呟いていた。

「生きていても意味がない人間など一人もいない。重度の障がい者であっても、それぞれが必ず、誰かに寄り添い寄り添われ、必要とされている。誰かの心を支え、役に立っているのに……」

大山会長は、日本の障がい者福祉を切り開いた第一人者として知られ、「社会福祉の父」とも呼ばれる糸賀一雄さんが1965（昭和40）年に出版した本を思い起こしていた。大山会長はそのときの気持ちをこう言葉にする。

「糸賀先生は、1946（昭和21）年に戦災孤児と知的障がい児のため、近江学園を創設しました。後に重度心身障がい児のため、びわこ学園も開設しています。糸賀先生が書いた本のタイトルは『この子らを世の光に』というものです。一般的な福祉の見方なら『この子らに世の光を』かもしれません。しかし糸賀先生は、『この子らを世の光に』と言ったのです。彼らこそ、世の中を照らす光になるはずだ、と。それこそ私が1960（昭和35）年から続けてきた知的障がい者雇用の真髄です。私は障がい者を雇いましたが、その姿を見てきた私こそ、彼らから生きることの意味や人の役に立つ幸せ、そして働く喜びを教えられたのです」

半世紀を越える障がい者雇用の経験と、そこにある「光」を知っている自分には、まだ使命がある。大山会長は凄惨なニュース映像を見やりながら、そう考えていた。

「彼らこそ世の光であると知っている私が、口を閉ざしてはならない、と思いました。どんなにゆっくりであっても、否定や障壁を感じても、語り続けなければ、と」

大山会長が折に触れ、諳（そら）んずるのが日本国憲法第13条だ。

《すべて国民は、個人として尊重される。生命、自由及び幸福追求に対する国民の権利については、公共の福祉に反しない限り、立法その他の国政の上で、最大の尊重を必要とする。》

「我が社の社員の働きぶりが、これをちゃんと示してくれている。私はそのことを何度でも、誰にでも、伝えていこうと思っています」

二人の少女との出会い

大山会長は私の前で何度も小首をかしげている。

「なぜあの先生が、若く不遜な私に何度も会いにきて、『生徒を雇ってほしい』と頭を下げてくださったのか。迷惑そうな顔と態度で接する私に熱心に話してくれたあの先生こそが、私が歩む人生の道の扉を開けてくれました」

父が社長を務める日本理化学工業に大山泰弘さんが入社して3年ほど経った1959(昭和34)年、突然に訪ねてきた40代くらいの男性が、東京都立青鳥養護学校(当時)の林田先生だった。

「その頃、専務だった私には知的障がい者に関する知識はなく、『卒業する生徒を雇ってほしい』と言った先生に、素っ気なく『責任を持てない』と断わりました。しかし、その先生は、諦めず熱心に足を運ばれるのです。今思えば、うちがチョーク屋だったからではないでしょうか。チョーク作りなら彼らにもできる、と先生は思われたのでしょう。学校の近くにあるということで、通いやすいとも考えたのではないでしょうか。その先生は三度、訪ねてきたのです」

三度目の来訪を受け、ついに大山会長は折れた。先生のこんな言葉が胸に刺さったからだった。

「もちろん、たくさんお話ししましたし、彼らの境遇も聞きました。それでも私は、厄介だな、精神薄弱の子に仕事なんてできるのか、とまったく薄情だった。けれど、先生の二つの言葉が胸を突いたのです。一つは、『卒業後、就職先がないと親元を離れ、一生施設で暮らすことになります』ということ。そしてもう一つは、『働くという体験をしないまま、生涯を終えることになるのです』ということ。何度も断った私に、先生は『就職は諦めましたが、せめて仕事の体験だけでもさせていただけないでしょうか。私はこの子たちに、一度でいいから働くというのはどういうことか、経験させてあげたいのです』とおっしゃったのです」

その言葉に、当時まだ27歳だった大山会長の心が動いた。

「その言葉に応えなければ、と思う自分がいました。2週間の期限を設け、15歳の卒業見込みの少女2名を預かることになりました」

その刹那、自分の人生が大きく転じていることなど、想像もしなかった。

「しかし、職場ではすぐに変化が起こっていったのです。チョーク工場で働く半数は中年の女性社員でした。女の子たちを見て娘のように感じたんでしょうね。２週間の実習最終日に『専務、たった二人ならなんとかなるんじゃないですか。自分たちが面倒を見るから雇ってあげてくれませんか』と、事務所へ直談判にやってきたのです。私はその勢いに押され、『わかった』と了承していました」

当時、父であり初代社長の要蔵さんは心臓を患い入院中であった。実質、息子である大山会長が経営の全権を託されており、このことは事後報告になった。

「知的障がい者を雇用することになり、病床の親父に叱責されることも頭をよぎりました。ところが親父は平然とこう言ったのです。『そんな会社が一つくらいあっても、いいんじゃないのか』と。私は親父が、創業者として途轍もない苦労をしていることを思い出していました」

農家に生まれた要蔵さんには10人のきょうだいがいた。

「自転車が好きだった親父は、商店の小僧になれば自転車に乗れると考えて、商家の丁稚に入りました。ですから親父は、小学校も満足に卒業していないんです。苦労をして叩き上げで仕事を学んでいった人でした。今振り返れば、親父は、必死に働くことで生きる道を切り開いていった丁稚の頃の自分を思い出していたのかもしれません」

黙って背中を押してくれた父の思いをそのままに、実際に工場に来て少女たちの面倒を見てくれたのは、大山会長の母・はなさんだった。

「母は、障がいのある社員が増えていっても、世話を続けてくれました。母には面と向かって感謝を告げたことはありませんでしたが、母が見守ってくれるからこそ、安堵して自分の信じた道を進めました」

日本理化学工業にやってきた少女たちは、大山会長の想像を超えてよく働いた。始業時間より1時間も早く会社に来て、雨の日も風の日も玄関が開くのを待っている。チョークを入れる箱を組み立てたり、ラベルのシールを貼ったりする仕事を、時間を忘れて行う二人。大山会長の胸には、ある疑問が抱かれるようになった。

「福祉施設にいたほうが、楽で、幸せで、守られている。そう思っていた私は、なぜ彼女たちが懸命に働くのか、不思議でなりませんでした。当時は、彼女たちにとっては、労働＝苦役と思っていましたから。それなのに、何かミスをして従業員から怒られ、『もう来なくていいよ』と言われると、『嫌だ』と泣いている。『会社で働きたい』と言うのです。不思議でした。それに、私のなかには障がいのある人を働かせている、という後ろめたさがどこかにありました」

知的障がいのある二人の少女が働く姿を見て、湧き起こったいくつもの感情。それらが結い上げられ「一本の紐」になる。大山会長が出会ったある禅僧の言葉がきっかけだった。

知的障がい者雇用の決意

このまま障がい者を雇い続けるのか。チョーク工場で働いている彼女たちは本当に幸せなのか。障がいのある人に仕事をさせることは正しい道なのか。いくつもの疑問を払拭したのは、出向いた法事で同席した禅僧から聞いた「人間の究極の四つの幸せ」の話だったという。

「ある方の法事のために訪れた禅寺の住職と、会食の席で隣り合わせになり、何か話さなければと口を衝いて出たのが、彼女たちの話でした。うちの工場では知的障がいのある社員が数名働いていて、彼女たちは毎日誰よりも早く来て、一生懸命仕事をしてくれます。でも、やはり普通の人とは違って単純なミスをするので、叱ることがあるわけです。それでも毎日来るのは、どうしてなのでしょうね。会社で大変な思いをして働くより、施設で大事に面倒を見てもらったほうがずっと幸せだと思うのに、と。すると、その住職は『人としての幸せについてお教えしましょう』と言ってこう語り出しました。この四つが、人間の究極の幸せである、と」

曰く、物やお金をもらうことが人としての幸せではない。
人に愛されること
人に褒められること
人の役に立つこと
人から必要とされること

「住職はこう付け加えました。『大山さん、人に愛されることとは、施設にいても家にいても、感じることができるでしょう。けれど、人に褒められ、役に立ち、必要とされることとは、働くことで得られるのですよ。つまり、その人たちは働くことによって、幸せを感じているのです。施設にいてゆっくり過ごすことが幸せではないんですよ』と。人に求められ、役に立つという喜びがある。住職のお話を聞いて、そのことに気付いたのです。まさに、目から鱗が落ちる思いでした」

その瞬間から、世の中の光景も映る色も変わって見えた。

「私は、この先チョーク屋では大きな会社になれないのなら、一人でも多くの障がい者を雇う会社にしようと思いました」

職場に起きた軋轢と逆境を乗り越えて

障がい者に働く喜び、幸せをもたらしたい。そう思い、力を振り絞る大山会長を支えていたのは、彼女たちの無言の説法ともいうべき働く姿だった。大山会長はどんなときにも、彼らを健常者の社員と分け隔てなく扱った。

「私の結婚式には社員全員を招きました。場所はパレスホテルです。披露宴では障がいのある社員たちが集って、私と妻のために歌ってくれました。歌は『赤とんぼ』です。結婚式には似合わない〝唱歌〟ですが、一生懸命歌ってくれたことが嬉しくて、披露宴に来ていたお客さんも皆笑顔になりました。私はそのとき、『この子たちと一緒に、チョーク屋をやっていこう』と胸がいっぱいになったのを覚えています」

大山会長は、そのハレの日の主賓に青鳥養護学校の校長を招いていた。

「今思うと、無意識のうちに、障がい者雇用の決意を学校の先生にも伝えたかったのかもしれません。また、人生をともに歩む妻にも自分の思いをわかってほしかったのでしょう」

健常者の社員も知的障がいのある社員も全員で祝った結婚式。

「あの結婚式は、私の自慢です。『赤とんぼ』は今でもいちばん好きな歌ですよ」

人生の節目を大切な社員とともに迎えた大山会長は、ますます知的障がい者の雇用を増やしていった。知的障がい者が、いきいきと働く会社を作りたい。そんな使命感に胸を膨らませる大山会長は、先に経営者として逆境に遭遇することを想像していなかった。

「この時期に訪れた状況こそ、経営者である私にとってのターニングポイントだったと思います」

一体どのような出来事があったのか、私が問うと大山会長はその詳細を説明してくれた。

障がい者雇用の実現は、大山会長の決意だけでは到底叶わない。障がい者とともに働く健常者の社員の理解と厚意・厚志が不可欠だった。会長が当時を振り返る。

「あの頃の知的障がい者の仕事は、すなわち健常者の社員の手伝いをすることでした。字が読めない、数字も数えられない彼らができることは、健常者の社員の側にいて、物を運んだり、積み上げたりすることでした。それでも健常者の社員たちは『私たちが面倒を見ますよ』と快諾してくれて、障がい者雇用は続けられていったのです」

ところが、間もなく職場に軋轢（あつれき）が起こっていった。工場のラインで一緒に働いていても、健常者の社員と障がい者の社員とでは同じ仕事ができるはずがない。障がい者の面倒を見ながら仕事をする健常者の社員は、当然、負担を負うようになった。

大山会長はその様子を克明に覚えている。

「工場でも、休憩所でも、健常者の社員はいつも障がい者の面倒を見ていました。養護学校の先生のように、いえそれ以上に、彼らが困らないように、手を取り足を取り、教えていたのです」

長らく勤める社員たちは大山会長の志や気持ちを理解し、そうした日々を黙々と過ごしたが、生活の糧を得ようとパートに来ていた主婦たちは違っていた。

「チョークの製造ラインに入ったパートさんたちが、不満の声を漏らしはじめたのです。『いろいろと手がかかり、私たちには余分な仕事が増えていく。それなのに、なぜ同じ給料なのですか』と、直談判に来る人もいました。ほとんどのパートさんも最低賃金で働いてくれていましたから、もらうお金が障がい者と一緒では納得がいかないのも当然のことでした」

障がい者雇用を心に誓い、その数を一人、二人と増やしていけばいくほど、思いもよらない反応が起こっていった。

「パートさんであろうと、障がい者であろうと、雇った以上は賃金を払わなければならない。知的障がい者雇用を始めた頃、すでに雇用者の最低賃金法がありました」

障がい者の賃金については都道府県労働局長の許可を受ければ特例として「最低賃金の適用除外」が認められていたが、大山会長はそうしなかった。

「申請をすれば最低賃金より2割から3割低くできましたが、私はそれを選びませんでした」

しかし、「仕事ができない障がい者と同じ賃金ではやっていられない」と声をあげたパートさんたちに辞められてしまえば、仕事は回っていかない。考えあぐねた大山会長は、一計を案じた。

「障がい者の仕事がパートさんより劣るからと、適用除外を申請することは、私にはできませんでした。決めたことを貫くためにも方策が必要でしたが、そこで考え出したのが『お世話手当』です。日頃から障がい者の面倒を見てくれている健常者の社員全員、そして障がい者と一緒に仕事をするパートさんたちにも『お世話をしてくれてありがとう』と、手当を出すことにしたのです」

額は小さかったが、大山会長の感謝の念と気遣いは社員全員に伝播（でんぱ）していった。こうした思いやりのある会社に勤めて良かった、と社員たちはその環境を喜んだ。ささやかな額だが、この「お世話手当」が障がい者と健常者の潤滑油ともなった。

「文句を言う社員はいなくなり、むしろ『手当をもらっているんだから、もっと親切にしましょうよ』という空気さえ生まれていきました」

職場には円滑さが戻り、退職者を出さなくて済んだ、と大山会長は胸を撫で下ろした。

だが、すぐに「この環境にこそ〝問題〟が潜んでいる」と気付くことになるのである。

大山会長は言った。

「健常者の社員に障がい者と同じ職場で働いてもらう。その両者の関係性に注視したことにより、決して簡単には解決できない問題が浮き彫りになっていきました」

それは次のようなものだった。

「健常者が障がい者の仕事の面倒を見るというやり方でしたから、常に命令する側とされる側という主従関係が成立していました。そうしたなかで『お世話手当』は当然のものになっていましたから、健常者は世話をする側、障がい者は世話をされる側、というポジションも変わらない。施す側と施される側の固定化は、一見、整然と正しく見えますが、私は『本当にこれで良いのか』と、疑問を持つようになりました。ときには違和感を覚えるまでになっていったのです」

大山会長が感じた違和感は、小さなことではなかった。

「知的障がい者にも働く喜びを、と言いながら、職場で世話をされている。それが本当に喜びなのか、と思えてきたのです。そして、それ以上に、健常者の社員に負担をかけている現実が浮き彫りになり、健常者の社員からも働く喜びを奪ってしまったのではないか、と考えるようになりました」

その悩みの発端は、社員旅行や忘年会など、社内の行事での光景だった。

「健常者と障がい者の社員の行動や気持ちにズレが見えてきたのです。健常者の社員にとっては仕事を離れて仲間と楽しむ機会に、障がい者の世話をして、彼らに合わせていたのでは、朗らかに心を解放することなどできません」

健常者の社員たちの表情には陰りや曇りが見えはじめた。

「障がい者との社員旅行ではどうしても緊張を強いられました。迷子にならないよう、他のお客さんの迷惑にならないよう、気を配るからです。温泉に入ってお酒を飲んで、のんびりするはずの社員旅行でも〝お世話〟から解放されません。一方、障がい者も健常者の社員と一緒に旅行に行ってトイレやお風呂や寝る場所が変わり、心細く思い、不安になって楽しむどころではない人もいました」

大山会長は、社員旅行や忘年会や懇親会の度にこの問題について悩み、健常者と障がい者を分けたこともあった。

「ぎくしゃくして誰も楽しめないなら、いっそ別々がいいと思ったのです。しかし、それは私にとっては、耐えがたいほど寂しいものでした」

熱心な養護学校の先生の来訪、知的障がいのある二人の少女との邂逅（かいこう）、心優しい社員たちの障がい者への親切心、知的障がい者にもできると信じたチョーク作りという仕事。そうしたことが相まって決めた障がい者雇用という経営方針と、大山会長はもう一度向き合うことになった。

「株主のなかには企業の成長を望むなら、障がい者雇用は止めたほうがいいという反対意見もありました。私自身、健常者社員だけの会社であるほうが、どれほど気が楽かと考えたこともあります」

大山会長のなかに生まれた迷い、逡巡は社内をざわつかせた。

「経営者が迷えば社員は不安になり、会社は不安定になります。あの小さな工場にも、そうした陰気な空気が満ちていきました」

会社だけではない。当時の社会は知的障がい者に対し、偏見を拭えなかった。

「障がい者雇用に対する冷たい視線があったのも事実です」

大山会長は迷い苦悩するなかで、会社とは何か、経営とは何かと考え続けた。そして、彼は一つの答えを出した。

「それは『重度知的障がい者の幸せを叶える会社を作り経営する』ということでした。私は決めたのです。日本理化学工業は、利益を出し成長を遂げるとともに、すべての社員に幸せを提供する、と。この一つの目的を叶えるために全身全霊で働くのが経営者であるはずだ、と自らに言い聞かせました」

大山会長はこのときから、知的障がい者がお世話される側・施される側から脱却し、力強い労働者になる方法を考え出していくのである。

その胸にはいつも、法要で会った住職の言葉があった。

「人は働くことで幸せになれる。日本理化学工業では、健常でも障がいがあっても働くことで幸せを感じてもらおう。その気持ちは、あの日からぶれることがありませんでした」

世界でも例のない会社を目指して

1967（昭和42）年、日本理化学工業は北海道美唄市に第二工場を開設する。当時、ダストレスチョークの需要は大田区の工場では生産が追いつかないほど、順調な伸びをみせていた。そこにタイミングよく、山口県宇部（うべ）市と北海道美唄市から、工場誘致の誘いがあったのだ。

宇部市からは、チョークの主原料である炭酸カルシウムの産地であることを最大のポイントとしてアピールされた。工場を作れば、原料の輸送コストの大幅削減が可能になり、競合メーカーの多い関西でのシェア拡大も見込める。大きなビジネスチャンスであることは、間違いない。

一方の美唄市からは、「知的障がい者雇用」に対する思いを伝えられた。市役所の福祉担当職員と、福祉型障がい児入所施設である美唄学園の責任者が来社し、企業の少ない美唄市での知的障がい者雇用の実態を訴えた。その姿は、8年前に「卒業生に仕事を与えてほしい」と訪れた、青鳥養護学校の先生を彷彿（ほうふつ）とさせた。

美唄市との関わりには経緯があった。

「1965（昭和40）年、我が社を訪れた石田博英（ひろひで）労働大臣（当時）視察の記事が日経新聞に大きく載って、それを見た美唄市の市長が、ぜひ美唄に来てほしい、と訪ねていらした。同じ頃、宇部市の市長さんからも、うちの市に来てくれませんか、というお話があったのです」

チョークの原料が豊富に採れる宇部市なら、原料の輸送費を安く抑えられる。宇部が第一候補だったが、美唄の市長の熱意も無視できなかった。

「美唄市は北海道のなかでも、いちばん福祉が進んでいますが、それでも就職先はほとんどないと言います。無下には断ることができませんでした」

大山会長はこの頃、すでに「知的障がい者を主力とする会社を作ろう」と決意し、その雇用を増やしていた。

「悩みましたが、最終的に美唄市の申し出を受けることにしました。理由は市長や市役所の担当者、養護学校の先生の熱意としか言いようがありません」

美唄に新しく工場を作るにあたり、大山会長は世界一の工場にしたいとアメリカ視察を思い立つ。

「どうせ工場を作るなら、アメリカの工場の設備を見たいと思ったのです。そもそもチョーク作りを始めたのも、父がアメリカから粉が出ないチョークを輸入したのがきっかけだったのですが、アメリカのチョーク製造機が輸入できず、ドイツからパステル製造機を輸入したという経緯があります。アメリカにダストレスチョークの工場があるなら、ぜひ見てみたいと思ったのです」

当時は、まだ1ドル360円である。しかも、外貨持ち出しは500ドルまで。

「最初に飛んだニューヨークでは、一泊10ドルという安ホテルに滞在していました。ありがたいことに、東京青年会議所の活動を通して知り合った日本女子大学の教授の小島蓉子さんが障がい者関係の勉強をされており、アメリカに滞在されることが多い方だったので、『アメリカに来ることがあるならいろいろ案内してあげますよ』と言ってくれました。それで単身アメリカに渡り、小島さんとともに工場視察をしたのでした」

小島蓉子さんは障がい者職業リハビリテーション研究の第一人者であり、さまざまな活動をしてきた福祉教育者である。『社会リハビリテーションの実践』などの障がい者福祉分野、社会福祉教育に関する多数の著作がある。

ところが、福祉の第一人者の帯同があっても、アメリカでは簡単に工場を見せてもらえなかった。

「産業のライバルになる経営者には見学させない、と言うのです。仕方なく、小島さんと私は『我々は授産所のワークショップとしてやってきた』と説明し、工場を訪ねました。それでもニューヨークの工場は見せてもらえず、やっとシカゴでチョーク工場の見学が叶ったのです」

（※授産所とは、身体障がいや知的障がいなどの理由により、一般企業への就業が困難な場合に、職業訓練などを含めて、自立生活への手助けを目的としている社会福祉施設。日本では、主に地方公共団体や社会福祉法人などが設置しており、現在では社会就労センター／SＥＬＰ（セルプ）と改称している。基本的に生活指導と作業指導を行っており、入所者には施設の収益により賃金が支払われることになっているが、さまざまな背景から収益が低いため、結果的に低賃金であることが課題となっている。）

アメリカでの貴重な体験が、後の知的障がい者雇用に大きく影響することになる。

「行ってみて驚いたのは、授産所のようなところでは身体障がい者は雇用していましたけれど、知的障がい者の雇用がまったくなかったことでした。アメリカには、知的障がい者が働く場所がなかったのです。また、私が訪ねたシカゴの身体障がい者向けの工場では、経理の内情を教えてもらうことができました。その工場の経営は、３分の１が寄付、３分の１が公の助成、３分の１が収益で成り立っていたのです。民間の会社であるのに、障がい者を雇用するために３分の１は寄付に頼っている。つまり寄付がなければ工場の経営は成立しない、ということでした」

大山会長は、日本にはない障がい者が働く環境とその運営を求めて行ったアメリカで、知的障がい者の働く工場がないこと、さらに障がい者が働く工場が民間では運営できないことの現実を知った。

「とても大きな刺激になりました。アメリカを手本にしたいと思っていた私は肩すかしを食らいましたし、同時に工場の施設も、経営の基盤も独自で編み出していかなければならないと覚悟を持てたのです」

手探りではあったが、大山会長は古くからの社員とともに、チョークの製造ラインを知的障がい者の能力・理解力に合わせて工程改革していった。経営に関しても、寄付に頼らない生産と収益を目指すための方策を練った。

「アメリカの真似でスタートしていたのでは、日本理化学工業はここまで存続していたかわかりません。アメリカを反面教師にして独自の企業経営、生産工程を作れたことは、あの視察の大きな成果でした」

大山会長は、東京青年会議所で得た情報や人脈に今でも感謝をしている。

「東京青年会議所に入ったのは、1961（昭和36）年です」

大山会長は、チョーク業界という狭い世界だけではなく、経営者としてより広い視野を持ちたいと考えていた。当時の理事長は、障がい者の雇用促進に重点を置いている若い経営者の大山会長に、「福祉委員になりなさい」と勧めてくれた。

「理事長が盛んに『君は障がい者を雇用しているんだから、福祉委員会に入れ』と言い、推薦してくれました。そのおかげで、小島さんと知り合え、また福祉の法律・条例や情報に触れることができたのです」

青年会議所は40歳で〝卒業〟だが、最後は副理事長になっていた。

障がい者を雇用し、定年まで働けるように心を砕いた大山会長は、誰もが正社員となり社会保障を受けられるよう努めた。事実、日本理化学工業ではほとんどの者が定年を迎え、また期間を延長して65歳まで通うのである。

いくつもの出会いによって巡ってきた転機

知的障がい者雇用の決意を固め、アメリカへの視察を敢行した大山会長にいくつもの機会が巡ってくる。

「天に導かれているのだと思えるようなことが何度もありました。その一つが、障がい者モデル工場設立についての融資制度でした」

1973（昭和48）年、労働省（現厚生労働省）の担当者から大山会長へ直接電話が入った。

「その担当者は次のようなことを話しました。1960（昭和35）年に『障害者の雇用の促進等に関する法律』が制定されたが、なかなか企業の障がい者雇用が進まない。各社の雇用に助成金を出すことはできないが、次の条件を満たす企業が工場を設立するときには国がその費用を全額融資する、というものでした」

条件は厳しいものだった。

「全従業員の50％以上が障がい者であり、その雇用された障がい者の半分は重度の障がい者であること。また融資した資金は、金利4・7％で20年間で償還（しょうかん）するというものでした」

電話の担当者はこう続けた。

「『身体障がい者を雇用する企業の工場設立の申請は全国から来ているが、知的障がい者を雇用している企業自体が少なく、そのモデル工場の申請はまだ一つもない』と言うのです。そして、『国としてはどうしても知的障がい者のモデル工場が必要なのです。大臣が視察に伺っている会社だから、ぜひお願いをしたいのですが』と、繰り返しました」

大山会長は、1965（昭和40）年、当時の石田博英労働大臣が視察に訪れたことを思い起こしていた。

工場の移転・新設を考えていた会長はその話に心が動いた。工場がある同じ大田区内での建設を目指し、当時の美濃部都知事に相談を持ちかけるが、「東京都でも大田区に福祉工場を建設予定なので」と、用地探しや融資の協力を断られてしまう。

「それで仕方なく多摩川を越えた隣の川崎市に相談してみたのです。すると当時の市長であった伊藤三郎さんが『むしろ、我が市に来てください』とおっしゃるのです。『障がい者の方も、行政が作った福祉施設より民間の会社であったほうが、働き甲斐があるでしょう。資金は企業で借りて企業で返すのですから、行政も助かります。土地を探すくらいなら応援します』と。私は迷わず移転を決め、川崎工場を開設することにしたのです」

障がい者雇用の助成金制度のできる4年前のことだ。心身障害者多数雇用モデル工場設立についての融資制度ができ、労働省からの強い後押しもあって作られた川崎工場。国から1億2千万円弱を借りて建てた川崎の新工場は、1975（昭和50）年に完成した。

「労働省との約束通り、50％が知的障がい者で、その半分は重度の知的障がい者の従業員という体制でスタートしたのです」

新工場のための運転資金は、融資に頼るほかなかった。長年付き合いのある馴染みの信用金庫にも依頼したのだが、あっさり断られてしまう。その頃、飛び込みでやってきた三菱銀行（当時）の若い行員にモデル工場と国の融資の話をすると、支店に戻って掛け合うと約束してくれた。

「三菱銀行は、小さなチョーク工場の障がい者モデル工場設立というチャレンジに賛同して融資を決めてくれました。三菱東京ＵＦＪ銀行になった今も続けてメインバンクとして取引しています。このエピソードも、私が人との出会いに支えられている証だと思います」

日本理化学工業の差別や区別をしない職場は、一体感を生み、新たに建設された川崎工場には活気が生まれていった。経営を一手に担う大山会長、工場のライン製造や商品開発を担当した弟の章さんを始め、ベテラン社員たちが作り上げた知的障がい者のための工程改革は、革命的でもあった。

「世話をされる側・施される側から、企業を支える労働者へ。知的障がいのある社員たちのため、彼らが理解できる仕事の段取りを丁寧に、緻密に、考えていったのです」

信号機の色のルールを理解する社員たちを見た大山会長は、色合わせによるチョークの製造工程を考案する。

「駅からの道を、全員が信号を守って会社へ通っていました。彼らに色の識別ができることを発見し、これが作業の鍵になると思い立ちました」

障がい者の訓練制度であるジョブコーチ支援もなかったなか、この色合わせによる作業の工夫を発端に、さまざまな工程改革で知的障がい者が第一線の労働者たる方法を確立し、地域の最低賃金を割ることなく払い続けた。融資額も20年で返済した日本理化学工業は、国内チョーク業界のシェア50％を超えるトップメーカーになったのである。

さらに、２００８（平成20）年に村上龍さん、小池栄子さんが司会を務める番組『カンブリア宮殿』に大山会長が出演し、日本理化学工業の取り組みは多くの人に知られるようになる。

「村上さんが『大山さんは人のために頑張っている。人の幸せのために投げたものが、ブーメランのようにちゃんと自分の幸せとなって戻ってきているのですね』と言ってくれました。嬉しかったですね。何か困ったことが起きても、いつも周りの人が手を差し伸べてくれました。たくさんの人に支えられて、今の日本理化学工業があります」

人に役立つことで幸せを感じる〝共感脳〟の証明

　日本理化学工業には日々見学者が訪れる。その見学者たちからの声が、大山会長の「働く幸せ」の根源となっている。

　大山会長に大きな気付きを与えたのは、小学５年生の少年だった。

「有名な私立小学校の５年生の男の子が、お母さんと一緒に工場見学に来たときのことです。たまたま時間が空いていた私が、チョークを作る工程を案内しました。10歳か11歳の男の子に障がい者雇用の話をしてもわからないだろうと思いましたが、工場を案内し終えた後にこう伝えたのです。『君みたいに優秀な学校に通っている人なんて誰もいないんだよ。障がいがあって文字も数字も読めない人たちだけれど、ああやって一生懸命働いてくれるから、この会社が成り立っているんだよ。会長さんも助かっているんだよ』と。その子は驚いて私の顔を見ました。お母さんと男の子は、何度も『ありがとうございました』と言って帰っていきました」

　それから２週間ほど経って、その少年から手紙が届いた。

「文字を読みながら、私は深い感銘を受けていました」

便箋（びんせん）には次のように綴られていた。

《天の神様は、どんな人にも役に立つ才能を与えてくださっているのですね。ぼくには、あのチョークをまっすぐに板の上に並べていく仕事は、とても難しくてできそうもありません。

ぼくはもっと勉強して、ほかのことでまわりの人に役立つ人になります。

見学をありがとうございました。》

少年の感想を読んだ大山会長は、自分にとって二つの大切なことを思い起こしていた。

「一つは東邦大学医学部名誉教授の有田秀穂（ありたひでほ）先生の著書で知った〝共感脳〟という言葉です。有田先生の著書には『人間は皆、周りの人の役に立つことに嬉しいと思う感情を持っているのです。共感する脳、つまり〝共感脳〟を持っているのです』と、書かれていました」

人は皆、認められ、褒められることに生き甲斐と喜びを感じるのだ、と再び心に刻むきっかけを、少年が自らの共感をもって教えてくれた。

「うちの従業員たちも、上手くできたときに、マネージャーが褒めて励ましてくれるとそれが喜びと生き甲斐になり、さらに一生懸命仕事に励むようになる。私は、人間の究極の幸せである『人の役に立って必要とされる幸せ』は〝共感脳〟があるからなのだと、結び付けることができました」

そしてもう一つは、『ジャパンタイムズ』に記事を書くために取材に来たハンガリー人の女性記者の言葉だった。

「その女性記者は、ヨーロッパの就業事情を私に話してくれました。ヨーロッパでは従業員を採用する際のマニュアルがあり、文字が読めない人は雇用の対象外とされているのだそうです。しかし、日本理化学工業では、重度の知的障がい者を採用し、しかも第一線の労働戦力となっている。なぜ日本理化学工業がそうできるのかを書きたいと私にインタビューした後、こう言ったのです。『日本の中小企業は、素晴らしい〝職人文化〟を持っているのですね』と」

大山会長は驚き、そして気付いた。

「日本の職人は、精巧な技術の精度を落とすことなく伝えるため、丁寧に仕事を教え込む。ときには手取り足取りしながら技を継承していきます。我が社の指導法がハンガリー人記者には〝職人文化〟と映ったのですね」

日本の中小企業が、重度の障がいのある人たちに仕事を教える際にこそ、職人文化を活用できる。

「それができれば、もっとたくさんの障がい者を雇い、世の中に必要な企業人に育てることができる。今もその気持ちを持ち、日本理化学工業がその先達でありたいと思っています」

福祉とは何か 〝皆働社会〟の実現

知的障がい者を雇用し、いくつもの出会いを経て、大山会長は「福祉とは何か」と考え続けるようになっていった。

「福祉は絶対に必要です。同時に、今の福祉のあり方が本当に正しいのか、これで良いのだろうかとも考えるようになりました」

一生を福祉施設で過ごすのではなく、社会に出て、働く喜びを知る人生が必ずある。日本理化学工業を経営する毎日のなかで、大山会長はそうした思いを確固たるものにしていった。

「あるとき、福祉という漢字をそれぞれ漢和辞典で引いてみました。福と祉。二つとも示偏（しめすへん）が付いていますが、これは神様が人間を幸せにする恵みを与えていることを表していると書いてありました。〃福〃という字は『神様が人間が生きていくうえで、食べていくのに困らない幸せ』を与えてくださっていることを表し、また〃祉〃という字は、止まると書いてありますが、これは『神様が人間の心に留まって、心を幸せにする』ことを表す言葉なのだそうです。人間の幸せは、物に不自由しない幸せと、心が満たされる幸せ、その二つが必要なのです」

大山会長は、折に触れて、大学生時代に法学部で学んだ憲法第27条の条文を思い返した。

《すべて国民は、勤労の権利を有し、義務を負う》

「この一文には、国民は働ける権利があると同時に、その義務を受けると書いてあります。すべての国民ですから、健常者も障がい者もありません。皆が、働く権利と同じく、義務を持っている。障がいがあることによってその義務を容易に果たせないのであれば、果たせる環境や仕組みを作ればいい。そうできることは、ささやかですが日本理化学工業が証明していると思っています」

大山会長は、憲法27条《すべて国民は、勤労の権利を有し、義務を負う》を漢字に置き換え、〝皆働社会〟と呼んでいる。

「あのマザー・テレサさんも、『人としていちばん不幸なのは、誰からも必要とされない人である』と言っています。それはつまり、誰かから必要とされれば幸福であるということ。障がいがあっても、社会や企業にとって必要な人になれます。働くことこそ、人も自分も幸せにする。〝皆働社会〟を実現することが、私の人生の目的になりました」

渋沢栄一賞の受賞

２００９（平成21）年、大山会長は渋沢栄一賞を授与される。渋沢栄一賞は、多くの企業の設立や育成に携わる一方で、福祉や教育などの社会事業にも尽力した渋沢栄一の生き方や功績を顕彰するとともに、渋沢栄一の精神を今に受け継ぐ企業経営者に授与される。

その受賞理由を聞いて、大山会長自身がのけぞった。

「日本理化学工業では、重度の知的障がい者を多数雇用し、しかも50年近くも雇用を続けている。もしその人たちを20歳から60歳までの40年間、施設が請け負った場合、職員や医師の人件費まで含めた金額に換算すると、およそ一人に2億円かかっているのだそうです。しかし我が社では15歳から働いている人もいますし、60歳の定年を超えている人は5人もいる。つまり10億円の税金を節約することに貢献した、と言うのです。長年の障がい者雇用に対するものだけでなく、その雇用によってもたらされたであろう節税の額が評価されたのです。考えてもいない理由でしたので、本当に驚き、また感激しました。そしてさまざまなことに思いを巡らせました」

大山会長は、この受賞とその理由から「皆働社会」が中小企業の活路になると確信したのだと言う。

「皆働社会は、誰もが得をする、すなわち幸せになる社会です。高齢であっても、障がいがあっても、病気であっても、シングルマザー、シングルファーザーであっても、その環境と条件さえ整えば、働いて糧を得て家族を幸せにでき、働いて誰かの役に立ち自ら幸せを感じることができます」

経営者として生産や市場に向き合い、雇用に取り組み、国とのモデル工場事業に挑み、業界トップのシェアを上げた大山会長にとっては、そのロードマップは不可能なものだとは思えない。

「たとえば、国が福祉施設で障がい者を看るとします。これは渋沢栄一賞を受賞した２００９（平成21）年の話ですが、年間一人５００万円かかっていたところを、企業に年間一人１５０万円の助成金を払って障がい者を独り立ちさせることができると、年間に一人３５０万円の税金を節約できます。その税金は他方に活かせるわけです。企業は障がい者に技術訓練をし、正規の労働力と利益を生み出す者に育てます。労働する障がい者は、会社に貢献し、また自分でも働く喜びを得ることができます。さらに、働く障がい者は月に12〜13万円の給与をもらうことによって自立し、グループホームに入ることができます。それで高齢になっていく両親の負担を軽減できますね。グループホームの費用は一人あたり月額6〜7万円ですが、それを払っても手元に半分の給料が残り、生活費の面でも親族の世話になる必要がありません。障がいのある子どもを持つ両親の苦労・心労は計りしれません。その人たちもさまざまな心配から解放されて、安心できます。さらに、福祉施設では『生活』と『仕事』の両方で面倒を見ていますが、『仕事』の面で中小企業の職人文化を活用すれば、重度の障がい者が地域で自立でき、福祉施設の負担も減ります。これが、皆働社会が実現する〝五方一両得（ごほういちりょうとく）〟の構図です」

国、会社、障がい者、その家族、福祉施設で働く人、皆が幸せになれる〝五方一両得〟。大山会長は、この実現を軽やかに訴え続けている。

第5章

障がい者とその家族が生きる道

障がい者雇用第一期生の林緋紗子さん

陽の降り注ぐ午後、その人は路地の真ん中に立っていた。デニムのパンツに紫のニットのセーターを着てサンダルを履いていた彼女はにっこりと微笑んで、小首をかしげながら照れたようにお辞儀をする。ショートカットの髪はすっかり銀色で、彼女が少女ではないことを教えていたが、その姿は潑剌として女学生のようにも見えた。

「こんにちは」

挨拶をすると重なるように明るい声が聞こえた。

「はい、こんにちは」

東京都中野区。その路地の先には瀟洒な一軒家があり、その玄関へ向かって駆けていった。彼女の名は、林緋紗子さん。１９４４（昭和19）年生まれの彼女こそ、日本理化学工業が初めて雇用した知的障がい者である。

私は緋紗子さんの部屋へ通された。きれいに片付けられたその部屋に緋紗子さんと弟の悦夫さん、その妻で義理の妹の記子さん、緋紗子さんの兄嫁の和子さんが集い、話をしてくれた。

１９５９（昭和34）年、「働くことを体験させてあげたい」という当時の養護学校の先生の思いから、緋紗子さんは大田区雪谷にあった日本理化学工業のチョーク工場で２週間の体験実習をすることが許された。その頃のことを覚えていますか、と問い掛けると緋紗子さんは即座にこう答えた。

「覚えていますね、はっきり。昭和34年に２週間だけ実習があって、チョーク工場へ初めて行きました。そのとき15歳。そこからずっと働いて68歳まで勤めました」

緋紗子さんは言語の理解力があり、私の問い掛けにも闊達（かったつ）に答えることができる。

「実習をしてみて、仕事をしてみたいと思いましたか？」

「最初わかんなかったんです。そこに行くとは思わなかったんで。やっぱり、うちにいちゃ駄目かなと思って、実習に行こうかなと思って。そしたらすごいいい会長だったんで。そのとき、会長はまだ専務でしたけど」

緋紗子さんは、大山専務の優しさが本当に嬉しかった、と笑顔になった。

「すごいいい人で。優しくって、何ていうのかな、面倒見がいいっていうか」

「２週間の実習は楽しかったですか？」

「はい、楽しかったです。実習が終わったときに、周りの人たちが『ずっとここで働きなよ』と言ってくれました。私も長く続けたいと思って」

その思い通り、緋紗子さんは60歳で定年を迎えた後も勤務を続け、2008(平成20)年末には勤続50年の表彰を受ける。日本理化学工業でこの表彰を受けたのは、大山会長と緋紗子さん二人だけだ。

2012(平成24)年9月に、当時100歳だった母の看病もあり退職した緋紗子さんは現在、弟の悦夫さんの家と渡り廊下で繋がる一軒家の2階で暮らしている。1階には兄・和雄(かずお)さんと妻である義姉の和子さんが住んでいて、食事をともにしているという。

緋紗子さんの義理の妹に当たる記子さんはインタビューに答える緋紗子さんのかたわらにいて、こんな話をしてくれた。

「私は、緋紗ちゃんが退職するときに日本理化学工業の最寄り駅である二子新地の駅から会社までの道を歩き、本当に感動しました。1キロと少しある多摩川沿いの道を、毎日歩いて通ったんだな、これを本当に53年続けたんだな、と」

大山会長も、緋紗子さんたち社員がひたむきに工場へ通う姿に心を動かされたと、何度も言った。

緋紗子さんが正社員になったのは、実習をした翌年の1960(昭和35)年のことである。

町のチョーク工場がやがて川崎市の支援を受けて障がい者雇用のモデル工場となり、彼らに働く喜びを与える企業へと駆け上がるきっかけを作った緋紗子さんは、日本理化学工業にとってまさに権輿（けんよ）の人なのだ。

工場や事務所でも明るく振る舞い周囲を笑顔にしていた彼女は、日本理化学工業での仕事を愛した。働くことなど叶わないと思われていた彼女が、家庭以外に職場という帰属集団を持ち、家族以外に雇用主や同僚という仲間を持った。

緋紗子さんが会社への思いを語る。

「工場も今のところじゃなく、大田区のときだもんね。最初はシール貼りとかだった。それから箱詰めやったりとか。それからチョークのラインで作業しました。押出しもやったこともあるし、それから切断も。皆は1日、目標300本と言っていたけど、私は350本とか400本とか。一人でやってたよ」

働くことも楽しかったが、社内でのコミュニケーションも楽しかったと緋紗子さんは言う。

「皆とお話ししたり、お昼休みなんてもう、話したりとか」

しかし、そればかりではない。いちばんの先輩という立場から、後輩への指導もしてきた。

「新しい人、そういう人たちにね、まだ入って間もないし、どういうふうにやったらいいかっていうのも、私、全部教えてきましたし」

日本理化学工業のムードメーカーである緋紗子さんは、面倒見が良く、新しい人が入ってくると笑顔で話し掛け、会話のしやすい雰囲気を作ってくれる。

就業時だけではない。日本理化学工業には、レクリエーションや旅行などさまざまなコミュニケーションの場がある。それらは社員たちの大きな楽しみだ。

「お花見をしたり、旅行をしたり、誕生会をしたり、忘年会をしたり、いろいろしてくれている。それが待ち遠しくて、仕事も頑張りました」

弟の悦夫さんが話す。

「僕らも1回だけ、退職間近の頃にご挨拶のために会社を訪問したのです。そのときに社員を表彰し、記念品を贈呈していました。本当に温かくって、家族的な会社なのだということを痛感しました」

緋紗子さんが勤務していた50年の間に、家族は頻繁に訪問することはなかったが、それは日本理化学工業を心から信頼していた証だった。

「高齢の母も緋紗ちゃんの話を聞いて、『緋紗ちゃんは楽しいんだね、良かったね』と、日々安堵していました」

　家庭でも会社でも朗らかに過ごした緋紗子さんは、どのような生い立ちにあったのか。その一生懸命な気質はどうやって育まれたのか。また、家族は彼女にどんな思いを持ち、支えてきたのか。

「さまざまな思いがあります。けれど、緋紗ちゃんがいない家族は考えられません」

　緋紗子さんの取材に立ち合った家族は、長らく胸に秘めた思いをゆっくりと言葉にして紡いでいった。

林家の物語

　緋紗子さんは、姉と兄と弟の４人きょうだい（姉はすでに故人）。緋紗子さんが日本理化学工業に勤めはじめた頃、実家は四谷三丁目付近で石材店を営んでいた。

　商売は成功し、家は比較的に裕福だったと弟の悦夫さんは回想する。

「長野県諏訪（すわ）市の出身だった父が上京し四谷三丁目に土地を借りて興した商売は、故郷の名物である天草で作った寒天の店でした。銀座の有名店に卸してだいぶ儲けて、借りた土地を買ってそこに住んだのです。その後、父は需要があったのか石材店を始めました。空襲にもあったようですが、家業は手放さずに済みました。父も母も元気で働き者でしたから、その性格が緋紗ちゃんにも受け継がれていると思います」

家業を切り盛りした緋紗子さんの母・ゐゑ（いえ）さんは、裏千家の茶道の師範でもあった。

「着物の似合う素敵な人でしたね。お茶を50年やっていて、茶道の先生としていろいろな人にお稽古をつけていました」

義姉の和子さんはそう振り返る。

「大学へ行って学生に教えたり、家で茶会を開いたり、少人数ですが弟子をとり丁寧に教えていた風情は、家族にとっては誇りでした」

緋紗子さんは両親のもと、どのように育ったのだろうか。弟の悦夫さんは、父親と母親の毅然とした態度を忘れたことがない。

「両親は、姉に知的障がいがあることを一度も言葉にして言いませんでした。けれど、普通の学校に通えないことを隠すこともありません。当時は今以上に障がい者だからと白い目で見られ、だからこそ隠す風潮も世の中にはありましたが、父母は姉をどこへでも連れていきました。特に母は、姉を可愛がり、家に客を招いて誰にでも会わせました。

そうした生活があったからこそ、姉は日本理化学工業に勤め続けることもできたのだと思います」

悦夫さんは続ける。

「母は、姉が生活に困らないように身の回りのことは繰り返し教えていましたね。料理や洗濯、掃除など、日常生活に必要なことはできるように、と。姉も、どんどん自分のことは自分でできるようになっていきました」

一家は「皆が一緒に住めるように」という母の願いもあって、住んでいた四谷の土地を売り、新宿に新しく土地を買ってマンションを建てた。その後、老朽化したマンションを手放し、中野に移り住むと二軒の家を建て大家族で暮らすことになる。

緋紗子さんが日本理化学工業に勤務していた時代、いちばん近くにいた義姉の和子さんが、毎朝の様子を聞かせてくれた。

「緋紗ちゃんは毎日朝5時に起きて用意をし、休まないで会社に行っていましたね」

緋紗子さんが相槌を打つ。

「はい、そうなんです。早起きで、5時に起きて、6時10分ぐらいにはもう家を出て電車に乗ります。朝は自分でごはん作って、食べて、行ってましたね」

日本理化学工業での仕事が大好きだった緋紗子さんが退社したのは、母・ゐゑさんの介護のためだった。100歳を2週間過ぎて天寿を全うした母への献身を、弟の悦夫さんは感心していた。

「母は老衰で亡くなるのですが、最後の頃は起き上がってトイレに行くのに1時間もかかるような状態でした。姉は1日中そうした母の側にいて面倒を見たんです。晩年の母は言葉がきつく、よく文句を言われていたね」

悦夫さんの言葉に、緋紗子さんも当時を思い起こした。

「足だとか、ひざが痛かったから。ここもんでくれとか、肩もんでくれとか、いろいろ言われました。お風呂には一緒に入って体を洗ったり、トイレの世話をしたり。そういうことも全部、私がやったから」

少し目を伏せた緋紗子さんは、亡くなる直前に撮ったという母との写真を見せてくれた。100歳の祝いとして、新宿区長の訪問を受けたときの記念撮影。「大好きな写真、お母さんと私との最後の写真です」と言った緋紗子さんには、今でも心の支えにしている母の姿がある。

60歳を過ぎた頃のことだった。緋紗子さんは突然にめまいと吐き気を覚え、会社近くの病院へ運び込まれた。そのとき92歳だった母・ゐゑさんは、兄嫁とともに病院へ迎えにきた。倒れたとの連絡を受けて「私も行く」と立ち上がり、電車で病院へ駆けつけたのだ。和子さんが当時を振り返る。

「義母には『家で待っていてください』と言いましたが、聞き入れてくれませんでした。緋紗ちゃんが働いていることを心から喜んでいましたが、同時にいつも特別に思い、心配もしていました。私が付いていなければ、と思っていたのでしょう」

緋紗子さんも、そのときのことは鮮明に覚えている。

「すごく嬉しかったですね。まさか、お母さんが病院にまで来るとは思わなかったから」

70代になった緋紗子さんだが、人生で最も彼女に寄り添った人の不在の悲しみは胸の中心にある。

「でも、今は皆がいてくれるから寂しくはありません。お正月は皆で集まって楽しいです」

林家では半世紀にもわたり、毎年年末の28日に餅つきをしてきた。親族総出で餅をつき、その量は5臼（うす）にもなる。

「ファイトって、やってました！」

と、緋紗子さんは楽しそうに話す。

まず鏡餅をいくつも作り、それが終わるとおせち料理にとりかかる。緋紗子さんはのり巻き作りを担当する。

「大きいテーブル三つぐらいに、ごちそうがダァーと並ぶのです。義母が存命の頃には、おせち作りに精を出しました。来客も多くて、私の息子やその友達も大勢来ました。玄関が靴だらけになるくらいに。そうした集まりの真ん中に、緋紗ちゃんがいるんですよ。孫の遊び相手もしてくれます」

優しい視線を緋紗子さんに向ける義妹の記子さんの笑顔を見ながら、夫である悦夫さんは静かに語る。

「うちは両親の残してくれたものもありましたし、私も健康で働き続けられ、生活は穏やかだと思います。何しろ、姉も一生懸命働いてくれましたから。本人が働きたくないと言ったことは一度もないですし、また会社も良くしてくれましてね。ですから、安心していました。たとえば東日本大震災のときも、大渋滞のなか車で家まで送ってきてくれましたね。そういうこともあり、私たち家族もいつも安心していて。60歳で定年だったのですけれど、延長もしてくれて。65歳になったときはもう少しいていいよ、と言っていただきました。日本理化学工業では、定年後も希望者は嘱託として働き続けることができる制度があって、母の世話がなければ姉は70歳まで勤めさせていただいたと思います」

この制度はまさに、一期生ともいえる緋紗子さんの、その仕事ぶりが会社に認められた結果だった。「仕事はまだまだできるし、むしろもっといてほしい。だから嘱託勤務の制度を作った」と、大山会長は繰り返し話していた。

「大山さんの社員への思いや経営者としての信念があって、姉の人生があると思います。大山会長に出会えた姉と、私たち家族は恵まれていますよ、本当に」

　感謝しかない、と語る悦夫さん。だが、心の奥底には緋紗子さんの弟であり、両親に代わる庇護者（ひごしゃ）として生きることへの深慮がある。

「両親が姉の障がいを一度も言葉にしなかったのは、それを受け入れて生きる、ということの証、決意だったと思います。なので、家族はそのことに疑問を持ったり悩んだりしませんでした。私がまだ中学生や高校生の頃には、姉が知的障がい者であるという立場や現実に、悩まなかったと言ったら嘘になります。将来を思うと複雑な気持ちになることもありましたが、それを口に出したことはありません。成長するにつれ、いつの日か両親が亡くなれば自分が責任を負う日も来ると、肩に力を入れず、自然と考えるようになりました。むしろ、姉がいてくれたことで林家はより結束できたんです」

　しかし、一家は次なる不安と直面する。結婚し、自分の家族を持つという時期になると、言葉にできない憂苦（ゆうく）を抱えることになるのである。

家族で生きていく覚悟

緋紗子さんの兄・和雄さんと結婚した和子さんは、緋紗子さんを本当の妹のように、優しく心安い関係を築いてきた。

「自分の生家の家族よりずっと長く一緒にいますから、緋紗ちゃんがこの家にいないということを考えられません。お互い歳をとって家族と死に別れても、最後まで一緒にいると思いますよ」

和子さんは、緋紗子さんとの最初の出会いを覚えている。

「夫と結婚することになり、家に初めて行ったときに会いました。そのときには障がいがあることは知りませんでしたね。結婚してだんだんわかっていって、でも取り立てて関係が変わることはありませんでした。ただ妊娠して子どもを持つことになったときに、いろいろと胸の中で思うことはありました」

悦夫さんの妻の記子さんは、義姉・和子さんの言葉に大きく頷いた。

「緋紗ちゃんや、林家の家族、誰も悪いわけじゃないし、誰のせいでもない。ただ子どもを産むときだけは、考えて悩んで、苦しかったですね」

弟の悦夫さんも、そのことには強い思いがあった。

「兄もそうでしたが、私も女房には何も言わず結婚したんです。妻は、結婚してから姉の障がいのことを知ることになりました。だから、騙されたような気があったかもしれない。けれど、一緒に住んで暮らしていくうちに、何とかしなくてはいけないという気持ちになってきてくれましてね」

記子さんは、正直な気持ちを話してくれた。

「黙って飲み込んできた、という気持ちはありました。私は23歳で結婚して林家に来たのですけれど、緋紗ちゃんの様子がわかっていくと、心の中で、『なぜこのことを知らされなかったのか、ちょっと話が違うじゃないの』と、思った時期もありました」

やはり生まれてくる子どものことを考えると、覚悟が必要だったという。記子さんは新しい命を授かった最良の瞬間と、その一方で感じた恐れの気持ちを忘れることがない。

「もちろん何もないかもしれないけれど、もしかしたら緋紗ちゃんと同じ障がいがある子どもが生まれるかもしれない。ただ、ぐるぐると考えることしかできませんでした」

記子さんは、息子を産んだとき大きな横禍（おうか）に見舞われた。

「妊娠初期にトラブルがあったのです。40度の熱が何日も続いて、このままでは命が危ないということで解熱剤の注射を打ち、薬も大量に飲みました。そのとき、医師から『胎児に薬の影響があるかもしれないので、堕胎を考えてください』と告げられました。100歳で亡くなった義母にも『諦めて堕ろしなさい』と言われたのですよ。義母は私には何一つ言いませんでしたが、きっと『自分のように障がいを持った子が生まれたら……』と、若い夫婦のことを心配してくれたのだと思います」

中絶手術の日も決まっていたが、悦夫さんと記子さんは悩み続け、何度も話し合った。

「その結果、産むことを決めて中絶を断りました。義母には『やっぱりそれはできない。産みます。何があっても受け入れます』と言ったのです。せっかく授かったから。何があっても受け入れようと夫とは話しました。緋紗ちゃんとの暮らしで、何かしらの覚悟ができていた。そういう現実を受け入れられるという気持ちはどこかにあったのかもしれません。それが林家の一員になったということなのだと思いましたね」

義姉・和子さんも同じ思いだった。

「お義父さんとお義母さんが本当に一生懸命だったんですよ。緋紗ちゃんを思い、家族が一つになるよう気を配り、心遣いを忘れませんでした。嫁に来た私たちにも血を分けた家族と同じように接してくれました。やがて、お義父さんとお義母さんの気持ちは私たちにも察することができたのです。緋紗ちゃんの障がいは、悪や不運ではない、それすら人生であり日々の生活なのだ、と」

　義姉の和子さん、義妹の記子さんの子どもたちに障がいは見られなかった。けれど、林家一族には、今も家族を持つ度に「案じ事」があることも事実だ。

「緋紗ちゃんから見れば姪や甥ですが、皆それぞれ結婚するときに葛藤があったと思います。義姉の長男は結婚するときに、私たちのところに婚約者を連れ立って相談に来ましたよ。『お父さんとお母さんには言えないけれど、子どもを持って大丈夫だろうか』と、静かに話していました」

　記子さんは自分の経験を話し、甥とその妻となる人の背中をそっと押した。

「私は『大丈夫よ』と、後押しをしました。誰にでもある不安で、皆それを乗り越えてきたんだよ、と伝えました。もし、障がいがある子が生まれたら、それはそのときに考えればいい。林家は緋紗ちゃんを囲んで手を取り合って生きてきたのだから何があっても大丈夫、と」

　家族はこのことについて面と向かって話したことはない。が、それぞれに思いを抱いてきた。

「直接は話しませんでしたが、うちの息子もきっと結婚のときにはこうした戸惑いがあったのだと思います。結婚して子どもを持ちたいと望む若い人たちに、『大丈夫よ』と言うことが無責任と聞こえるかもしれませんが、障がい者の家族は、多かれ少なかれ、こうした気持ちを胸に生きているんですよ。不安に負けたら前へ進めないんです。もしそうした状況になったら、緋紗ちゃんを育てた義父と義母のように生きればいい。主人と私は、緋紗ちゃんと暮らしてそう考えるようになっていきました」

弟の悦夫さんと妻の記子さんの息子さんは、幼い頃から緋紗子さんと接していたこともあり、福祉への関心が高かった。

「息子は、高校生になると福祉活動を行うようになりました。日本財団でボランティアを始めたのです。私たちが何か言ったわけでもなく自然に、です。緋紗ちゃんを見て育ち、そうした人たちに親切にしようという思いからでしょうか。やはり、何かしら影響があるのでしょうね」

息子さんは、ボランティア活動で知り合った女性と結婚したという。

日本理化学工業への変わらぬ感謝

緋紗子さんが50年もの間勤められたのは、家族のサポートがあってのことだ。しかし、緋紗子さんをずっと身近で見ていた義姉の和子さんはこうも話す。

「逆ですよ。この人はもう元気で、何でもできるから家族を引っ張ってくれています。緋紗ちゃんが頑張っているから私もまだ頑張れる、と思うんですよ。甥や姪たちとも仲良しで、その子どもたちのことも緋紗ちゃんは可愛がってくれる。こんな幸せはありませんね」

緋紗子さんの笑顔を見ながら弟の悦夫さんはこう話した。

「障がいのある者が生きていくためには、本人も家族も、ある覚悟が必要です。金銭的サポートや社会の理解や優しさがなければ、やってはいけません。けれど、私たちは日本理化学工業という会社、そして大山泰弘さんと出会いました。チョークを作る会社を経営する大山さんとそのご家族が、所縁（ゆかり）もなかった姉を雇い入れ、姉と同じような立場にある人たちに働く場と、仲間とともに生きる場所を与えてくれた。この巡り合いがなければ、母も安堵して逝けなかったでしょうし、私たち家族の人生も大きく変わったと思います」

日本理化学工業のあり方がそのまま日本の社会となればいい。林家は家族が集うとそう話し合う。

「緋紗ちゃんの家族として、粉の出ない美しいチョークを作り続ける会社をこれからも応援したいと思っています」

和子さんの目に光る涙を見て、緋紗子さんも頬に流れる涙を拭った。

「大好きな会社。大好きな大山会長。今も、働いているのと、おんなじ気持ち」

終章

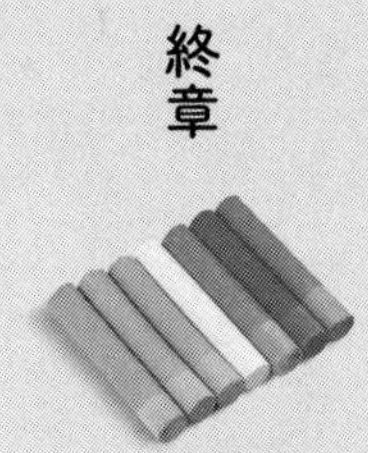

大山泰弘会長が下請けから脱するため、また隆久社長による新体制での経営安定のため、長年の研究開発の末に生み出した「キットパス」。

私がキットパスの誕生にまつわるストーリーを聞く度に、大山会長の表情が輝いた。

「2005（平成17）年に、最初のキットパスを発売するのですが、じつは自らが作ったこの新製品の大いなる可能性にまだ気付いていなかったのです」

それに気付いたのは、発売して間もなく、川崎市内のメーカーが参加する「新製品展示会」に出展したときだった。

「日本理化学工業のブースは会場の入り口近くで、すぐそばに大きなガラス製の仕切り板がありました。キットパスを見にやってきた親子がいて、その少女が私に『触っていい？』と聞いたのです。私は『ここに描いてごらん』と、ガラスの仕切り板のところへ導きました。紙や黒板ではないガラスに絵を描くことに遠慮がちだった彼女は、キットパスを走らせるとすぐに夢中になって、仕切り板一面に絵を描いていきました。ぐるぐると線を描き、今度はそれを塗りつぶし、いつまで経ってもやめようとしません。お母さんが『もう行くわよ』と少女の手を引いても、キットパスを握った手を休めず、離れようとしません。私はそのときに、キットパスは、新しい子どものおもちゃになり得ると気付きました」

キットパスは幼児の感覚・思考を育てる助けになる。そう確信した大山会長は、さらなる改良を加え、子ども用の商品を完成させる。２００９（平成21）年に販売された「キットパスきっず12色」がそれである。

キットパス＝幼児用教材。この方針は隆久社長にも継承され、本格的な営業が始まった。同年、ＩＳＯＴ日本文具大賞機能部門グランプリとキッズデザイン賞を受賞し、業界では注目を集めたものの、色鉛筆でもクレヨンでもチョークでもない新商品の理解と認知度はなかなか上がらなかった。

そこに登場するのが、大山会長の長女である真里さんである。会社を離れた後、渋沢栄一賞を受賞して多忙になった会長の秘書を務めながら、キットパスの広報担当をすることになるのである。

現在、日本理化学工業の事業の一翼(いちよく)を担うキットパスは、学校はもとより幼児教育の現場、介護の現場、グラフィックデザイナーや画家たちの間で熱い視線を集めている。

実際、全国の商業施設や幼稚園、保育園、介護施設などではキットパスで描かれた作品が披露されている。

私は真里さんに話し掛けた。

「日本理化学工業の2階の窓に描かれた絵や模様の鮮やかさに目を奪われました」

そう告げると、真里さんは小さく微笑んだ。

「つるつるとした素材に描いても、あの発色があり、滑らかなのは、他の筆記具や画材にはない特徴ですから。その素晴らしさを、父も弟も私も、そして社員も自信を持っていましたが、発売当初は苦難の連続でした。まったく知名度がありませんでしたから、なかなか売れませんでしたね」

そこで真里さんは秘書のかたわら、独自にキットパスのための広報活動を開始したのだという。

「これまでの筆記具・画材とは発想も使い方も違うキットパスを知ってもらうために、文具店などが主催する実演や、知り合いが紹介してくれるイベントに参加して、地道にその使い方や楽しみ方を広めていました」

だが、真里さん一人での活動では、いきなりのブレイクスルーは望めない。

「たった一人の活動でキットパスの持っている可能性、その魅力を伝えることは難しい。

そう思う日々が続きましたが、徐々に反応が変わっていったのもたしかです。気が付くと、一人、また一人と、協力してくれる人たちが現れたのです」

日本理化学工業の取り組みに共感して協力を買って出てくれた、デザイナーやイラストレーター、画家といったアーティストたちが数多くいた。彼らはカフェの窓ガラスにキットパスで絵を描くプロジェクトを立ち上げ、幾多のイベントを演出した。

「キットパスの魅力に気付いてくれたアーティストの方々と小さなイベントを重ね、それをホームページで都度報告して、いくつもあるキットパスの活用事例を丁寧に残していきました」

粘り強く諦めない心を持つ真里さんに、力強いパートナーが現れる。地元川崎の商店街のイベントで知って声を掛けてくれた、NPO法人ひさし総合教育研究所の三谷文子（ふみこ）さんだ。

「三谷さんは、私がコツコツ行ってきた活動を知り、『私がお手伝いしますよ』と言ってくださいました。そして、半年も経たないうちにキットパスの使い方と、その楽しさを広めるインストラクター制度の仕組みを作ってくれたのです」

真里さんは、NPO法人ひさし総合教育研究所との協働事業として「キットパスアートインストラクター制度」を立ち上げた。

「買って使ってくださったお客様からの反響の大きさに、驚いたことがきっかけでした。こんなにたくさんの使い方があり、楽しみ方がある。だったら、それを丁寧に広めていきたいと思ったのです。ガラスに描けば鮮やかな色が出ます。また、水で溶けば水彩絵の具のような書き味にもなります。キットパスをそのまま握って描くことはもちろん、溶かして筆で描いたり、キットパスをインクにして手形や足形スタンプをとったり、思いのままに使うことができますから」

２０１３（平成25）年10月から「キットパスアートインストラクター制度」が開始された。認定インストラクターが全国各地のワークショップやイベントでキットパスを広め、本部認定講師がインストラクター養成講座を開いている。

「日本理化学工業の知的障がい者雇用の取り組みに共感した母親たちが中心になって講座を受け、認定インストラクターになり、キットパスの魅力を伝えてくれています。子育てを終えた母親たち、また子育て真っ最中の母親たちも、楽しみながらこの活動をしてくれていることが嬉しいです」

インストラクター養成講座では、自由に絵やグラフィックデザインを描くことはもちろん、絵心がなくても気軽に楽しめる塗り絵や手形のワークショップが行われる。インストラクターの数は１０００人を超え、今もなお増え続けている。

そうした人々を結んでいるのは、やはり大山会長の信念だ。真里さんはこう話す。

「父が事業の中心に掲げてきた『人の役に立つ幸せ』という思い。日本理化学工業で働く知的障がい者も役に立つ幸せを糧にしています。キットパスも、誰かのために役に立ちたいという心を持った方々が使い、広めてくれています」

　現在も真里さんは、インストラクターの活躍の場を増やし、スキルアップのための勉強会を企画したりイベントを開催したりと、NPO法人ひさし総合教育研究所の「キットパスアート事務局」をサポートしている。

　真里さんに誘われて養成講座に参加した私は、インストラクターを目指す人たちとともにキットパスを手にした。真里さんの説明を聞きながら、キットパスを手にとってその楽しさを満喫する。

　忙（せわ）しない日常とは別の時間を楽しんだ私は、キットパスの虜（とりこ）になった。大山会長の前でガラスに色を塗り描いた少女のように。

　絵を描きながら、私は大山会長の言葉を思い出していた。

「私はキットパスで描いた絵や文字、デザインを『楽書き（らくがき）』と呼んでいるんですよ。カラフルな楽書きのある場所には人の笑い声や笑顔があるはずです。それを作っているのは、毎日うちの工場で働く知的障がい者の皆さんです。日本理化学工業で生まれた感動や絆、たくさんの方からもらった感謝の思いを、少しでも広めていきたい。そうした願いは、80歳を過ぎた今も少しも潰えません」

本書を取材執筆するなかで、何より震撼したのは、2016（平成28）年7月26日未明に起こった神奈川県相模原市の障がい者施設「津久井やまゆり園」入居者殺傷事件だった。46人が刺され、うち入居していた知的障がい者19人が犠牲になった事実は、やり切れぬ思いと落胆だけを喚起したが、同時に、日本理化学工業という会社に流れる時間がどれほど尊いものであるかを無言のまま示したのだと、私には思えた。

日本理化学工業の職場には、ともに働き、ともに生きることの喜びが溢れている。1本のチョークに、1本のキットパスに、そこで働く人の労働と人生の時間が費やされている。

ダストレスチョークやキットパスを一人でも多くの人に手にとってもらい、線を、文字を書き、本書に記した働く人のいきいきとした姿を想像してほしいと願っている。

ある晴れた春の日、日本理化学工業の輝く窓に新しい絵が描かれていた。カラフルな線がガラス窓いっぱいに描かれ、お日様や笑う人の顔や花や動物が踊っている。

キットパスアートの描き手は、その書き味やガラスに映える色を見て笑顔になる。自らが作るそれがどんなに鮮やかで快適で楽しいか、線を引く度にたしかめることができるからだ。

人と繋がりたい、人を思いやりたい、人に思われたい、人が恋しい、人として生きた証を記したい。

もしそんな思いに駆られ、じっとしていられなくなったなら、日本理化学工業の社屋の前に立ち、この2階の窓を黙って眺めればいい。

そこには虹色の線に込められた希望がある。人を思う優しさがある。働くことで喜びを得る人々の、命の煌（きら）めきがある。

あとがき

冷たい風を頬に受けながら上野公園を歩いていく。

不忍池（しのばずのいけ）の縁に立って弁天堂を眺め、西郷隆盛銅像を仰ぎ見て、精養軒での会合まで時間があることを確認すると、大好きな場所である正岡子規記念球場へ向かった。

脊椎カリエスを患い病床で過ごす前、子規は野球を愛したスポーツ青年であった。子規の随筆の中に、「明治23年3月21日午後、上野公園博物館横の空き地で野球の試合を行った」とある。

そうした縁で、上野恩賜公園野球場には正岡子規記念球場の愛称が付けられ、句碑も立てられた。

「春風や　まりを投げたき　草の原」

大好きな句を諳んじていると、ポケットの中でiPhoneが震え出す。私は、iPhone

を取り出して画面を見た。そこに浮かび上がっていたのは「大山隆久」の文字。日本理化学工業の社長、大山さんの名前だった。瞬時に画面をタップしてiPhoneを耳に当てる。

「はい、小松です」

「ご無沙汰しています、大山です」

「こちらこそご無沙汰しております。今日は……」

何かありましたか、と続けようとすると、思いがけない言葉が耳に届く。

「実は、会長が昨日（平成31年2月7日）、亡くなりました」

「ええっ……」


少しの沈黙の後、大山社長は言った。

「86年の人生でしたので天寿は全うしてくれました。もちろん、もっともっと生きて欲しかったのですが、これればかりは仕方ありません。病気をした後も、よく頑張ったと思います。穏やかな最期でした」

黙っている私に、大山さんはこう告げた。

「3月にお別れの会を行います。ぜひそこへいらしてください。後ほどご案内しますので」

大山社長との電話を子規の句碑の前で切った私は黙って歩き出し、精養軒に隣接する大仏山を目指した。入退院を繰り返していた大山会長に、もう一度お目にかかることが叶わなかったことへの後悔と、5年もの取材の過程で思いの丈を繰り返し伺えたことへの感謝が、胸の奥で一気に混ぜ合わさっていく。

顔だけの上野大仏の前に立って手を合わせ、昭和7年生まれの大山泰弘さんの姿、その声を思い出す。

「私の人生の歩みは、社員である知的障がい者が歩ませてくれた道なんです」

大山会長の声が聞こえたような気がして、私は雲一つない青い上野の空を見上げた。そして、『虹色のチョーク』が私にとって、どんなに特別な作品であるのかを改めて胸に刻んでいた。

日本のチョークの7割を供給する（2020年2月現在）日本理化学工業の会長であった大山泰弘さん。その功績はあまりに輝かしい。知的障がい者雇用のため、さまざまな経営努力を重ねたことへの賞賛は、数々の受賞で示されている。

1981（昭和56）年　国際障害者年に内閣総理大臣より表彰。2003（平成15）年　厚生労働大臣表彰、日本障害者雇用促進協会会長より表彰。2004（平成16）年春の叙勲で瑞宝単光章を受章。2009（平成21）年　渋沢栄一賞を受賞。

けれど、泰弘さんはこうした栄誉にあまり関心がないようだった。

「一日、一日が大切なのです。その連続が、企業であり、私たちの社員の未来なのですよ」

その言葉通り、知的障がい者雇用の第一人者である泰弘さんは、60年にわたって雇用した障がい者を社会人・納税者とするばかりか、彼らの毎日の「働く幸せ」のために力を尽くした。どんな人も労働に、そこにある遣り甲斐と充実感に、幸福を得られると、素晴らしい品質のチョークを作り出すことで伝えてくれた。

『虹色のチョーク』の単行本発売から3年が経ち、文庫になる機会に取材ノートをめくった私は、目に飛び込んできた大山泰弘さんの言葉を改めて書き起こしていた。

「人に面倒を見てもらって楽に生きることが幸せではありません。人間の究極の幸せは、人に愛されること、人に褒められること、人の役に立つこと、人から必要とされること。障がい者も健常者も、男も女も、そこに違いはないと思います」

「一人ひとりが一生懸命に働くことのできる環境さえあれば、誰もが仕事の技術を向上させていけますよ。どんな人にも、その人にしかない個性があり、才能がある。その個性や才能を活かせれば、誰かの役に立てるような仕事を得ることができます。周囲の支えがあれば、社会全体がそうした思いを抱けば、障がいがあっても、個性や才能を活かすことができます」

「障がいがあるからと、家や施設に閉じこもっていたのでは幸せになれません。人は人と関わり、助け合い、目標を持ってそこに向かい、努力することで愛されるんです。そして、人は自分のためだけでなく、誰かを助けることも喜びに変えられるんですよ」

平成から令和になり、泰弘さんのこうした言葉は、もはや日常のものとなったと感じている。ダイバーシティ（diversity）やインクルージョン（inclusion）という理念・発想が、当然のこととして求められる時代が訪れたからだ。

人種、宗教、性別、価値観、ライフスタイル、障がい等に差別や区別を持たず、多様性を受け入れること。どのような立場の人であっても仕事に参画する機会を持ち、それぞれの経験や能力、思考が認められ活かされること。これらを無視するような風潮は、現代ではもはや許されない。

しかし、泰弘さんが知的障がい者を雇用しはじめた昭和30年代、多くの日本人は、泰弘さんの思い描いたダイバーシティ&インクルージョンを到底理解できなかったに違いない。

86年の生涯、家族経営のチョーク製造会社の経営者としてあった泰弘さんは、実は、そのほとんどの時間、孤独や偏見と闘い、「知的障がい者の社員を多数雇用して業界ナンバーワンを獲得する」というイノベーションを起こすための、飽くなき挑戦を続けていたのである。

泰弘さんの淡々としたインタビューの様子を思い起こし、私は寄る辺のない気持ちになっていた。そして、寂寥の感にも包まれる。こんな闘いを続けることができる信念の経営者には、もう二度と会えないのだろう、と。

父親である大山会長から経営を引き継いだ現社長・大山隆久さんは、その理念と哲学をそのまま継承することを心に決めている、と言った。

「昔から変わらずこの瞬間も大切にしているのは、『どんなことも、相手の理解力に合わせて教える』ということです。どうしてできない、ではなく、どうすればできるのか、と考え、すべての社員が役割を十分に果たせるような環境を作っていきたいのです」

社長であっても社員と肩を並べる隆久さんは、取材時と変わらず、今日も「社員たちには、感謝しかないです」と微笑む。

「人として尊敬しています。私に人間として大切なことを教えてくれたのは、社員の皆です。もっと利益を上げ、もっと『働く幸せ』を感じられる会社を目指したい。そのために働くことは私の使命であり、喜びです」

日本理化学工業は、未来を見据え、２００５（平成17）年に発売した「キットパス」という商品をグローバルブランドに育て、販売していくことに力を尽くしている。

「キットパスをワールドビジネスの商材として展開し、いつの日か、今の10倍、知的障がいのある社員を雇用できる会社になりたいです。そうすれば、障がい者雇用に興味を持ち、積極的に取り組んでくれる企業も増えていくかもしれません」

アメリカ、フランス、ドイツ、ロシアをはじめ世界各国に届き、日本理化学工業の事業の柱となりつつあるキットパスが、虹色のチョークに続き、この会社の未来を築くはずだ。

日本理化学工業株式会社・会長大山泰弘さんを偲ぶ会が、２０１９（平成31）年３月29日に川崎市産業振興会館で開催された。満開の桜と富士山、虹色のチョークに見立てた花々に囲まれた遺影には、悲しみとは対極にある笑顔が見える。

『虹色のチョーク』の編集者・佐藤有希さんと丸山祥子さんとともに参列し、私たちは用意されたメッセージボードにキットパスで鮮やかな虹を描いた。

私は、訃報を聞いた上野で、あの大仏の前で思ったことを、大山会長の遺影に語りかけた。声に出さず、けれど、明確に。

「私自身、『働く幸せ』を毎日感じています。取材やそのための旅や、書斎にこもっての執筆にひたすらあくせくしながらも、作家という仕事とその仲間に出会えたことにただ感謝しているんです。生活を成り立たせるためであることはもちろんのこと、文章を綴るという仕事は、私にとって生きる喜びであり、未来を見出す希望の光です。『虹色のチョーク』は、私の幸せの形です。『働く幸せ』を、ありがとうございました」

２０２０年２月　小松成美

文庫化によせての御礼

日本理化学工業株式会社　大山隆久

父・大山泰弘は２０１９年2月7日に逝去いたしました。86歳でした。家族としても、会社としても、大きな柱を失った感覚はありますが、新たな自立のための機会をもらったと思っております。新元号「令和」のスタートとともに会長の遺志を継ぎつつ、社員全員で良い企業文化を創ってまいります。

この度の文庫化に際して、父を偲ぶ会にお越しくださった方にお配りした挨拶状を、私の言葉としてよせさせていただきます。

障がいのあるなしにかかわらず、人の役に立ち、「ありがとう」と言われる社会「皆働社会」の実現に向けて、引き続き邁進いたします。

感謝の言葉

父は最後の約半年を病床で過ごしました。

行くたびに「皆働社会」実現に向けた話をいつも語ってくれ、まさに人生をかけて最後の最後まで自分のやるべきことを全うしました。

何回も聞いていることなのに、出ない声を振り絞って懸命に話す姿に感動し、神々しく見えてしまうことさえありました。そして、病室を出る前には、いつも握手をしてもらいました。とても温かく、その手からは精一杯の優しさが伝わり、それは涙が出るほど嬉しい瞬間でした。

声がほとんど出なくなっても、手で意思を伝えてくれ、時には笑わせてくれることもありました。

最後まで優しく、温かく、そしてかっこいい父でした。

息子でさえもあなたのファンにさせてしまうとは、やはりあなたは素晴らしい。

心からそう思います。


お父さん、ありがとう。

本日は、一年の中でも大変にお忙しいなか、弊社会長・大山泰弘を偲ぶ会にご参列いただき誠にありがとうございます。

生前、皆様には大変お世話になりましたこと、故人にかわり、心より感謝申し上げます。

大山隆久

日本理化学工業株式会社　社員集合写真

日本理化学工業株式会社

チョーク製造会社。1937年設立。1960年、会長の大山泰弘が養護学校から二人の知的障がい者を受け入れたことをきっかけに、障がい者雇用に取り組みはじめる。1975年には、川崎市に日本初の心身障害者多数雇用モデル工場を建設。現在、87名の社員のうち63名の知的障がい者を雇い（25名は重度障がい者）、障がい者雇用率は7割を超える。『日本でいちばん大切にしたい会社』（坂本光司・著）での紹介により、経営と福祉の両方の面で注目されている。

写真　大西暢夫
日本理化学工業株式会社（口絵❺・⓬）

本文デザイン　鈴木成一デザイン室

取材協力　日本理化学工業株式会社

この作品は二〇一七年五月小社より刊行されたものです。

虹色のチョーク

働く幸せを実現した町工場の奇跡

小松成美

令和2年4月10日　初版発行
令和5年8月31日　4版発行

発行人――石原正康
編集人――高部真人
発行所――株式会社幻冬舎
〒151-0051東京都渋谷区千駄ヶ谷4-9-7
電話　03(5411)6222(営業)
　　　03(5411)6211(編集)
公式HP　https://www.gentosha.co.jp/
印刷・製本―中央精版印刷株式会社
装丁者――高橋雅之

幻冬舎文庫

ISBN978-4-344-42964-2　C0195　こ-9-6

この本に関するご意見・ご感想は、下記アンケートフォームからお寄せください。
https://www.gentosha.co.jp/e/